室内装饰精品课系列教材

住宅
室内设计

覃斌 朱砂 / 主编

化学工业出版社
·北京·

内容简介

本书以住宅室内设计的实际工作流程为导向进行编写，介绍了目前国内在住宅室内设计领域的基本理论和常用设计方法，展示了多个住宅室内设计的优秀案例，并通过设计案例对勘察现场与量房、设计风格的选择与设计意向的确定、空间规划与布局设计、界面装饰设计、软装陈设设计、灯饰与照明设计、家居生活设备设施的选用等方面的内容进行了全面系统的讲解。本书内容新颖、案例资源丰富，从理论到实践，分模块、分任务安排教学内容，力求贴近真实的岗位工作内容和工作过程。

本书可作为高等职业院校建筑室内设计、室内艺术设计、环境艺术设计、建筑装饰工程技术、建筑设计等专业的教材，也可供相关专业的设计人员阅读、参考。

图书在版编目（CIP）数据

住宅室内设计/覃斌，朱砂主编.—北京：化学工业出版社，2024.6
ISBN 978-7-122-45358-7

Ⅰ.①住… Ⅱ.①覃…②朱… Ⅲ.①住宅—室内装饰设计—高等职业教育—教材 Ⅳ.①TU241

中国国家版本馆CIP数据核字（2024）第068686号

责任编辑：毕小山　　　　　　装帧设计：刘丽华
责任校对：宋　玮

出版发行：化学工业出版社
　　　　　（北京市东城区青年湖南街13号　邮政编码100011）
印　　装：北京尚唐印刷包装有限公司
787mm×1092mm　1/16　印张16$\frac{3}{4}$　字数356千字
2024年8月北京第1版第1次印刷

购书咨询：010-64518888　　　　售后服务：010-64518899
网　　址：http://www.cip.com.cn
凡购买本书，如有缺损质量问题，本社销售中心负责调换。

定　价：76.00元　　　　　　　　版权所有　违者必究

编写人员名单

主　编： 覃　斌　辽宁生态工程职业学院
　　　　　朱　砂　辽宁生态工程职业学院
副主编： 张曦予　辽宁生态工程职业学院
　　　　　王丽丽　辽宁生态工程职业学院
参　编： 丁邦林　辽宁林凤装饰装修工程有限公司
　　　　　徐江月　辽宁晋级兴邦科技股份有限公司
　　　　　徐兴亮　沈阳市新方盛装饰工程有限公司
　　　　　武文斐　辽宁省交通高等专科学校
　　　　　李洪艳　广西职业技术学院

前言

随着社会的进步、市场和环境的变化，住宅室内设计的发展很快，新的户型、新的设施、新的材料和新的设计理念在不断地更新和变化。不同的人、不同时代的人有不同的审美，对住宅空间的需求也不尽相同。如何设计住宅空间才能符合时代发展需要，符合人们个性化的生活方式、兴趣爱好和审美需求，是室内设计师考虑的重点，也是培养住宅室内设计领域高素质技术技能人才考虑的重点，这是本书编写的根本出发点。

本书在内容设置上，根据职业标准、岗位工作实际需求，分模块介绍基本理论和常用设计方法，选择了大量适合我国国情的优秀室内设计案例，通过设计案例对勘察现场与量房、设计风格的选择与设计意向的确定、空间规划与布局设计、界面装饰设计、软装陈设设计、灯饰与照明设计、家居生活设备设施的选用等方面的内容进行了全面系统的介绍，力求能够反映住宅室内设计当今的发展现状与时代特征，以及未来设计发展的方向；在章节安排上，基于岗位实际工作过程，分模块安排教学流程；理实结合方面，在模块下的任务学习中，分"专业知识学习"和"任务实操训练"两部分设置，理论实践一体化；在文化传承与创新上，注重以室内设计践行新时代文化自信，强调回归本土、本民族的文化传承与发展，在文化传承中吸收领会传统文化精髓，将传统元素提炼、创造为新的物象，从有形到无形、从符号到精神，致力于用当代设计语言诠释传统文化的生命力。

本书由辽宁生态工程职业学院主持编写，辽宁林凤装饰装修工程有限公司、辽宁晋级兴邦科技股份有限公司、沈阳市新方盛装饰工程有限公司、辽宁省交通高等专科学校、广西职业技术学院参与合作完成。覃斌、朱砂主编，张曦予、王丽丽副主编，丁邦林、徐江月、徐兴亮、武文斐、李洪艳参编。具体编写分工为：模块一、模块二由王丽丽编写；模块三由覃斌、朱砂编写；模块四由覃斌、张曦予编写；模块五由覃斌编写；模块六由覃斌、张曦予编写；模块七由覃斌、朱砂编写；模块八由朱砂编写；丁邦林、徐江月、徐兴亮、武文斐、李洪艳参与案例资料收集整理和图纸提供；全书由覃斌负责统稿并定稿。

感谢北京大业美家家居装饰集团有限公司沈阳分公司、沈阳市鑫友装饰工程有限责任公司在本书编写过程中提供支持帮助并给予宝贵意见。

由于编者水平有限，书中疏漏和不足之处在所难免，敬请读者批评指正。

编　者
2024年2月

目 录

模块一　住宅室内设计认知　// 001

　　任务一　住宅室内设计的内容、特征、类型与基本原则　// 002

　　任务二　住宅室内设计的工作流程和任务　// 016

模块二　勘察现场与量房　// 031

模块三　设计风格的选择与设计意向的确定　// 041

　　任务一　新中式风格　// 042

　　任务二　现代风格　// 059

　　任务三　现代欧式风格　// 071

　　任务四　美式风格　// 080

　　任务五　地中海风格　// 087

　　任务六　欧式田园风格　// 098

模块四　空间规划与布局设计　// 101

　　任务一　客厅的空间规划与布局设计　// 102

　　任务二　餐厅的空间规划与布局设计　// 117

　　任务三　卧室的空间规划与布局设计　// 125

　　任务四　书房的空间规划与布局设计　// 139

　　任务五　厨房的空间规划与布局设计　// 147

　　任务六　卫生间的空间规划与布局设计　// 157

模块五　界面装饰设计　// 165

　　任务一　地面装饰设计　// 166

　　任务二　顶棚装饰设计　// 175

　　任务三　墙面装饰设计　// 182

模块六　软装陈设设计　// 189

　　任务一　家具的选择与陈设　// 190

　　任务二　布艺织物的选择与陈设　// 202

　　任务三　装饰艺术品的选择与陈设　// 210

　　任务四　花卉绿植的选择与陈设　// 220

模块七　灯饰与照明设计　// 231

模块八　家居生活设备设施的选用　// 245

附录　// 258

参考文献　// 262

模块一

住宅室内设计认知

ZHUZHAI SHINEI SHEJI

任务一　住宅室内设计的内容、特征、类型与基本原则

> 教学目标：掌握住宅室内设计的内容；了解住宅室内设计的特征；掌握按户型结构划分的住宅空间类型，掌握按户型大小划分的住宅空间类型；了解住宅室内设计的基本原则。
>
> 教学重点：住宅室内设计的内容；住宅空间的类型。

【专业知识学习】

住宅室内设计一般指家庭住宅室内装饰装修设计。它是住宅建筑设计的延续与深化，主要任务是根据不同家庭的生活需求，运用物质技术手段和美学原理，创造功能合理、舒适优美，满足人们物质和精神生活需要的住宅室内环境。

一、住宅室内设计的内容

1. 空间规划

空间规划包括功能区设置、空间的分隔、动线设计。主要是对空间进行处理，涉及调整空间的大小和比例，处理空间的分隔和联系、规划动线和活动路径等问题（图1-1-1、图1-1-2）。

（1）调整空间的大小和比例

主要是根据空间的使用性质，合理规划客厅、餐厅、厨房、卧室等各个空间的面积大小，实现空间有效利用、避免浪费、使用方便舒适的目标，以满足生活起居的功能需要。

（2）处理空间的分隔和联系

空间的分隔和联系是室内空间设计的重要内容，各个空间之间的关系主要是通过分隔的方式来体现的，分隔方式决定了不同空间之间的联系程度。设计中需根据空间的使用性质及功能要求，在同步考虑艺术特点及心理要求的基础上，通过绝对分隔、局部分隔、象征性分隔等处理方式，采用诸如建筑结构分隔、隔断分隔、家具分隔、装饰造型分隔、色彩分隔、材质分隔、照明分隔、陈设分隔等具体方法，形成满足使用功能所需的空间类型（封闭空间、半开敞空间、开敞空间），创造出美感、情趣和意境。

（3）规划动线和活动路径

所谓家居动线，是指人在家里行动、做事所走的路线。行走花费的时间越短，证明动线

设计越合理。设计合理的家居动线要遵守两个原则：一是动静分区，二是功能就近。动静分区就是将公共活动空间（客厅、餐厅、厨房、阳台、卫生间）与休息区（卧室、书房）分开布局；功能就近是指将功能相近的区域设计在一起，例如餐厅和厨房需要就近设置，方便炒完菜后直接上菜，减少了步行路过其他空间的时间。

图1-1-1 住宅空间的规划与布局设计

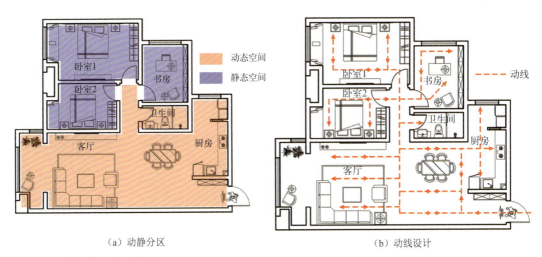

（a）动静分区　　　　　　　　　　　　（b）动线设计

图1-1-2 动静分区及动线设计

图1-1-3 住宅空间界面设计

图1-1-4 室内采光设计

2.界面设计

界面设计主要指对室内空间的顶棚、墙面、地面进行有效的设计与处理,包括界面造型设计、色彩搭配、装修材料的应用等(图1-1-3)。

3.物理环境设计

物理环境设计包括室内采光设计、室内照明设计、声学环境设计,以及给排水、供暖工程等方面的设计(图1-1-4～图1-1-6)。

图1-1-5 室内照明设计

图1-1-6 中央空调设计

图1-1-7　家具的选择与陈设

图1-1-8　灯具的选择与陈设

图1-1-9　织物饰品的选择与陈设

图1-1-10　生活器皿的选择与陈设

4. 陈设设计

陈设设计主要表现在家具、灯具、布艺织物、装饰品、绿植等的选择与配置方面，包括实用性陈设和装饰性陈设两种（图1-1-7～图1-1-12）。

图1-1-11　室内绿植的选择与陈设

图1-1-12　工艺品的选择与陈设

二、住宅室内设计的特征

1. 关注人们个性化的精神需求

住宅室内设计的主要服务对象是住宅的业主。在文化多元发展的当代，每个业主都有自己对"家"的理解与期待，人们的个性需要得到充分的尊重。住宅室内设计除了满足功能需求外，还需要体现个性化的生活方式、兴趣爱好和审美观念（图1-1-13）。

2. 室内空间的可变性受建筑设计限制较大

在目前的住宅建筑设计中，模式化、规范化的户型结构很大程度上制约了室内空间的重新分割，而且承重墙、柱、剪力墙、设备管线都是固定不变的因素，因此相对于办公空间、商业空间、餐饮空间而言，住宅室内空间的设计可变性受建筑设计限制较大。

3. 对于室内空间尺度要求非常精确

住宅空间与公共空间相比尺度较小，这就要求在有限的空间中，设计要尽可能满足人们对各种功能的需求，对于室内空间尺度要求非常精确（图1-1-14）。

三、住宅空间的类型

住宅空间的类型多种多样，可以按户型结构划分，也可以按户型大小划分。

图1-1-13　当代住宅室内设计着力体现个性化

图1-1-14　注重空间的高效利用和舒适合理的居住体验是室内设计的核心

1. 按户型结构划分

住宅空间类型按户型结构划分可以分为平层结构、错层式结构、跃层式结构、复式结构等。

(1) 平层结构

一般是指一套住宅的厅、卧、卫、厨等所有房间均处于同一层面上,没有高度差(图1-1-15)。

(2) 错层式结构

是指一套住宅的室内地面不处于同一标高,但未分成两层,一般把室内的客厅与其他空间以不等高的形式错开,但房间的层高是相同的(图1-1-16)。

(3) 跃层式结构

是指一套住宅占有两个楼层,由内部楼梯联系上下楼层。一般一层为起居室、餐厅、厨房、卫生间、客房等,二层为私密性较强的卧室、书房等(图1-1-17)。

(4) 复式结构

复式结构是受跃层式结构启发而创造设计的一种经济型住宅。复式结构住宅实际上并不具备完整的两层空间,而是在层高较高的一层楼中增建一个夹层,用楼梯联系,其下层供起居用,如炊事、进餐、洗浴等,上层供休息、睡眠和贮藏用。两层合计的层高要大大低于跃层式结构住宅(复式结构层高一般为3.3m,而跃层式结构层高一般为5.6m)(图1-1-18)。

图1-1-15 平层结构住宅

图1-1-16 错层式结构住宅

图1-1-17 跃层式结构住宅

图1-1-18 复式结构住宅

2.按户型大小划分

住宅空间类型按户型大小划分主要可以分为一居室、二居室、三居室、多居室等。一般按照"房间数"来起名字，如常见的两室一厅、三室一厅等。这里的"厅"指客厅和餐厅，"室"指卧室、书房等。

（1）一居室

一居室属于典型的小户型，通常有一个卧室、一个厅（一般客厅兼餐厅）、一个卫生间、一个厨房。其特点是在很小的空间里要合理地安排多种功能活动，包括起居、会客、收纳、学习等（图1-1-19）。

（2）二居室

一般有两室一厅、两室两厅两种户型。其中两室一厅最为常见，有两个卧室，一个厅（客厅可兼餐厅，比一居室稍大），一个卫生间和一个厨房。其特点是户型适中、方便实用，消费人群一般为新组家庭。二居室也是一种常见的小户型住宅（图1-1-20）。

（3）三居室

三居室是一种较大的户型，主要有三室一厅、三室两厅两种，有三个卧室、一个厅或两个厅（客厅和餐厅）、一个厨房、一个或两个卫生间。其特点是面积相对宽敞，尤其是三室两厅户型，是一种相对成熟、定型的户型，一般居住时间较长，是最为常见的大众户型。三居室具有较充裕的居住面积，可以按较理想的功能布局划分空间（图1-1-21）。

图1-1-19　一居室住宅户型平面图

图1-1-20　二居室住宅户型平面图

图1-1-21　三居室住宅户型平面图

四、住宅室内设计的基本原则

住宅室内设计理念的创新需要以人为本,需要文化内涵的不断融合更新,需要注入智能化的技术手段,也需要坚持可持续发展,建立新的生态节能观念,同时遵循以下基本原则。

1. 结构的安全性

在住宅室内设计与施工的过程中,应注意避免对承重墙及建筑原结构的破坏,否则会带来安全隐患;充分考虑无障碍设计,为老人、孩子提供安全保障;在楼梯的选择和安装方面,应注意考虑安全防护措施;此外,在装修过程中应使用强度较高的优质材料;等等。这些在设计之初都应引起高度重视,因为每项内容都和人们的安全息息相关。安全性尽管是最基本的需求,但是却非常重要。

2. 材料的环保性

随着环境保护理念的深入人心,人们对于装饰装修材料的环保要求也就更高了。一方面,在设计过程中,要选择环保的材料,并尽可能达到最大化的利用率;另一方面,在设计中要注意空间的通透性,以便可以有效利用自然通风、自然采光,满足良好采光通风的要求,以获得良好的生态效果;再一方面,可以巧妙利用绿色植物,通过绿色植物的装饰、美化、净化空气等作用,达到室内设计中的环保目标(图1-1-22、图1-1-23)。

图1-1-22 采用环保材料的住宅室内设计

图1-1-23 采用绿色植物改善环境的住宅室内设计

3. 功能的合理性

住宅应具备六大基本功能,即起居、饮食、洗浴、就寝、收纳、工作学习。一是从功能分区上解决功能的合理性问题,如功能区设置是否完整,各功能区的面积大小、空间大小是否能满足需要,功能区的分隔和衔接是否合理,动线设计是否合理等;二是从起居生活使用方面解决功能的合理性问题,如材料的选用是否安全、耐用、易清洁,储物收纳空间是否够用,舒适性是否符合人体工程学要求等;三是从安全、节能、智能化方面解决功能的合理性问题,如适老化问题、儿童安全防护问题,智能化生活方式问题等。

4. 空间的舒适性

空间的舒适性主要取决于人对空间环境的感受。开敞、私密、大小、拥挤程度是影响人对环境空间舒适度判断的主要因素,空间中的人、物、活动、噪声、色彩和图案等也是影响空间舒适度的多种因素。住宅室内设计的根本就是处理好人与物之间的相互关系,要营造一个感觉舒适的空间,就必须处理好物体及空间的色彩、尺度等相关因素之间的关系(图1-1-24)。

5. 装饰的美观性

形式美与功能性的统一,一直是设计师追求的设计目标。住宅室内设计既要满足共性的基本使用要求，使空间具有舒适的物理环境，还要满足不同对象的审美需求，使设计尽量与使用者的身份、年龄、气质、民族和文化背景等相吻合。

任何好的设计都遵循着一定的美学规律，如比例、尺度、韵律、均衡、对比、协调、变化、统一等。人们通过观察空间中的形、色、光与材质，产生主观的审美情感。空间的艺术价值来自它唤起人们的审美情趣，营造出较高艺术水准的空间艺术意境（图1-1-25、图1-1-26）。

图1-1-24　空间尺度舒适的住宅室内设计

图1-1-25　具有浓郁地域文化特色的住宅室内设计

图1-1-26　装饰元素的应用恰到好处

任务二 住宅室内设计的工作流程和任务

> **教学目标**：了解项目接洽与承接阶段的工作内容及要求；了解方案初步设计阶段的工作内容及要求；掌握施工图深化设计阶段的工作内容及要求。
> **教学重点**：方案初步设计阶段工作内容；施工图深化设计阶段工作内容。

【专业知识学习】

住宅室内设计是一个理性的思考与有序的工作过程。正确的思维方法、合理的工作流程是顺利完成设计任务的保证。住宅室内设计一般分三个阶段展开，即项目接洽与承接阶段、方案初步设计阶段、施工图深化设计阶段。

一、项目接洽与承接阶段

1.项目承接的形式

（1）装修公司与业主直接交易承接

一般是指装修业主选择装修公司，与装修公司直接洽谈、订立合同的承接形式。

（2）装修公司对接房地产商联合承接

这种承接形式与楼盘销售相结合，在房地产商售楼的同时，由装修公司提供多种设计方案供购房者选择。这种承接形式为购房者提供了配套服务，适用于新开发的住宅小区。

（3）网上交易承接

通过在互联网上装修业主与装修公司的直接沟通、洽谈，确立设计方案和报价，直至签订合同。这种承接形式具有简便、快捷、经济的特点，会随着网络技术的发展和装修市场的规范而具有很大的市场潜力。

2.与业主的洽谈沟通

（1）洽谈沟通准备

① 作为一名设计师，首先要了解自己公司的实力状况、部门职责，其次还要对以下情况有所了解：公司的特点与发展目标、工艺水平、工艺过程及其给客户带来的利益；装修行业

专业知识、同行公司的运作情况、公司在同行业中的地位、整个市场对公司的接受程度、主要的竞争对手及其双方的优劣势等。

② 提前设想出洽谈沟通过程中可能遇到的问题并找出应对方法，做到有备无患。

③ 提前备好相关工程案例图片（可以是电子版）、饰材样本、工程调研资料与项目内容表等。

④ 洽谈沟通前应注意自己的仪表，衣着要得体大方，服务要周到细致。

(2) 洽谈沟通规范

① 接受客户咨询时，设计师应主动向客户介绍公司实力、价格、工艺、服务方面的优势和做法，使客户了解公司的实力特色，彰显公司企业文化及形象。

② 在与客户沟通的过程中，设计师应全面了解待装工程的基本情况以及客户的需求，确定装修级别、设计风格、主要材料、工程要求等，依照业务资源跟踪体系做好客户的全面记录，并安排下一步计划和勘察现场。

③ 洽谈沟通时，不得许诺公司无法实现的事项，不得承诺任何公司规定以外的项目。

(3) 洽谈沟通技巧

① 在洽谈沟通过程中，要使用礼貌用语，语气、语调要温和，语速要适中，要仔细聆听客户的观念想法，对确定的事项回答要肯定，对不确定的事项要弹性回答。

② 要诚实可靠，避免虚报夸张的信息。

③ 在洽谈沟通过程中，要始终表现出兴趣和热情，以及很强的亲和力。

④ 主动替客户找出问题，并积极提供多种可供客户选择的解决方案。

⑤ 不要过于"屈从"客户，更不要过于自我，要根据客户的性格特点因人而异地对待。

⑥ 不要盲目估计总造价，要先了解客户的心里底价。

⑦ 每次沟通时尽可能确定一些事项，切勿反复沟通无结果从而浪费时间，有时客户对设计方案会一直犹豫不决，此时甚至需要略带强制性地要求客户确定一些方案。

⑧ 牢记客户最关心的设计项目案例，给客户留下你对他极为重视的印象。

⑨ 面对客户提出的各项想法和要求时，针对自己较有把握的方面提出几点建议，切勿过多表达自己的想法，因为你的想法此时尚未成熟，切勿强烈而直接地反驳客户意见。反对意见可留至第二次详细沟通方案时以引导的方式提出，因为此时你已将方案考虑得较为成熟，提出的建议有理有据，客户更容易接受。

3. 工程资料收集与调研

设计的创意与构思依赖于完整的信息资料，所以，设计前期的一项重要工作就是收集、处理、分析各种资料和信息数据。准备阶段资料收集的充分与否，直接关系到以后设计构思的方向和最终的设计效果，因此这项工作历来都被设计师所重视。

(1) 了解建筑的基本情况

收集建筑的原始设计图纸（平面图、剖面图、水电图等），勘测现场，充分了解原建筑结构、水电通风等设施的配套情况。

（2）了解业主的意图与要求

和业主进行深入细致的交谈，了解其家庭人口结构、生活习惯、兴趣爱好、审美倾向、对空间的具体使用要求等。需要注意的是：一味听从业主要求和不顾业主要求的做法均不可取。业主是住宅使用的主体，对于未来的家居环境都有自己的心理期待，这种期待往往是模糊的、不具体的，甚至有些时候是矛盾的。设计师需要将业主潜在的心理需求结合自己的专业知识加以实现，通过合理的沟通与适当的引导使业主接受合理化建议。

（3）明确投资额

设计师必须对业主的装修投资额进行了解。投资额对于材料的选择和室内设计的整体效果具有十分重要的影响，在设计前应做到心中有数。

二、方案初步设计阶段

这一阶段是设计师头脑中的设计语言通过形象思维转化为清晰的设计图纸的过程。在这个阶段中，设计师将在对前期准备阶段成果分析的基础之上，形成相应的设计构思，然后进行多方案设计，继而经过方案的比较、选择，形成一个较为理想的方案。这一阶段是设计过程中的关键。方案初步设计阶段的主要工作有以下两点。

（1）绘制方案草图

收集整理与项目有关的资料和信息，构思整体设计方案，优化平面布置方案，并绘制方案草图。

（2）优化方案草图，制作设计文件

设计文件主要包括设计说明书、设计意向图、墙体拆建改造平面图、平面布置图、主要房间的立面图和主要空间的效果图等（图1-2-1～图1-2-7）。除此以外，还应该有工程造价概算。

三、施工图深化设计阶段

项目在进行实际施工之前都要做好施工图深化设计，这一部分的设计非常重要。施工图深化设计是在方案初步设计的基础上进行深化设计形成的最终设计文件。它是项目施工的依据，是工程质量和施工技术水平的保障。

一套完整的施工图文件包括翔实的设计说明、平面布置图、天花平面图、立面图、剖面图、构造节点大样图等。施工图中应详细标明图纸中有关物体的尺寸、做法、用材、色彩、规格等，为施工操作、施工管理及工程预决算提供翔实的依据。

施工图文件的内容及要求如下。

① 整套施工图纸要有封面、施工图设计说明、图纸目录、加了图框的设计图。

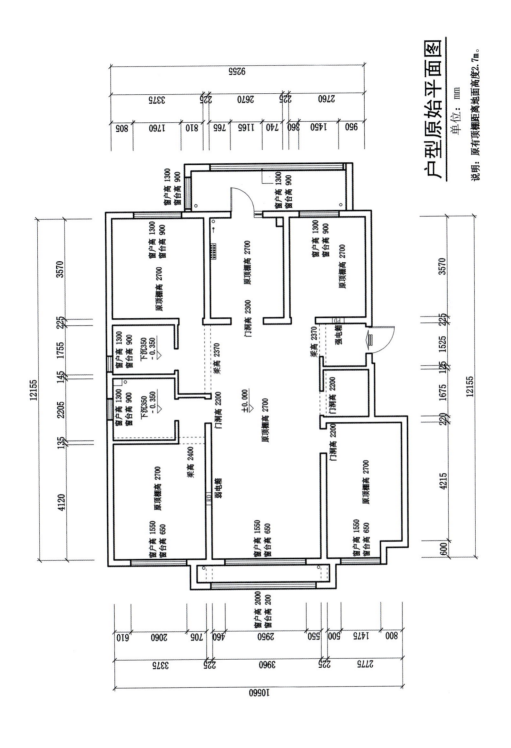

图1-2-1 某住宅室内设计——户型原始平面图
（扫底封二维码查看高清大图）

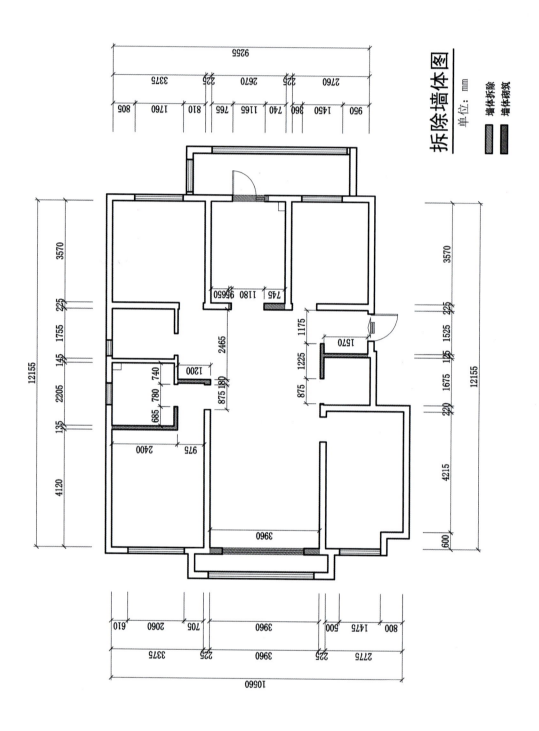

图1-2-2 某住宅室内设计——拆除墙体图
（扫底封二维码查看高清大图）

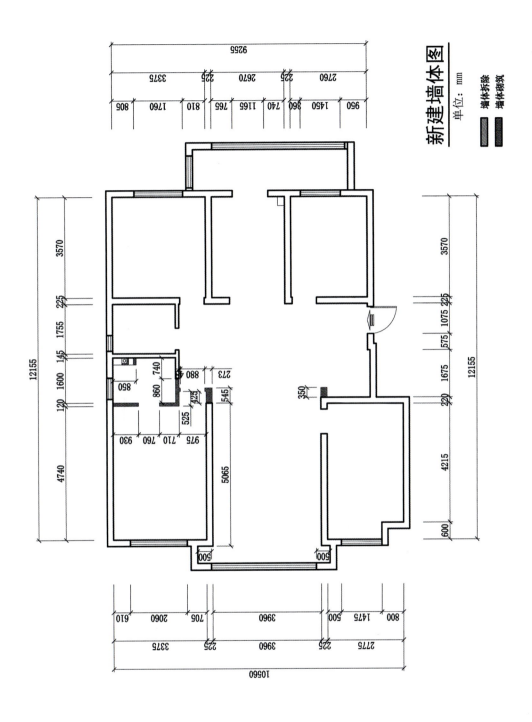

图1-2-3 某住宅室内设计——新建墙体图
（扫底封二维码查看高清大图）

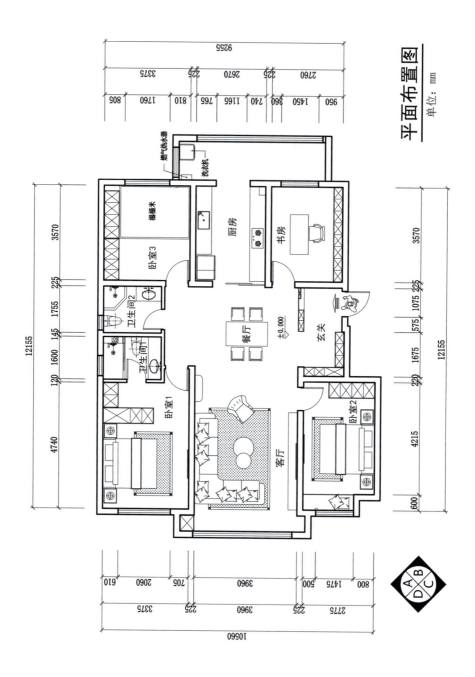

图1-2-4 某住宅室内设计——平面布置图
（扫底封二维码查看高清大图）

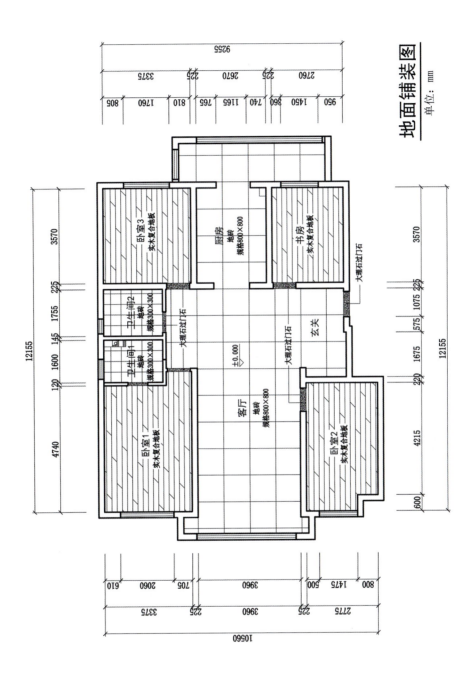

图1-2-5 某住宅室内设计——地面铺装图
（扫底封二维码查看高清大图）

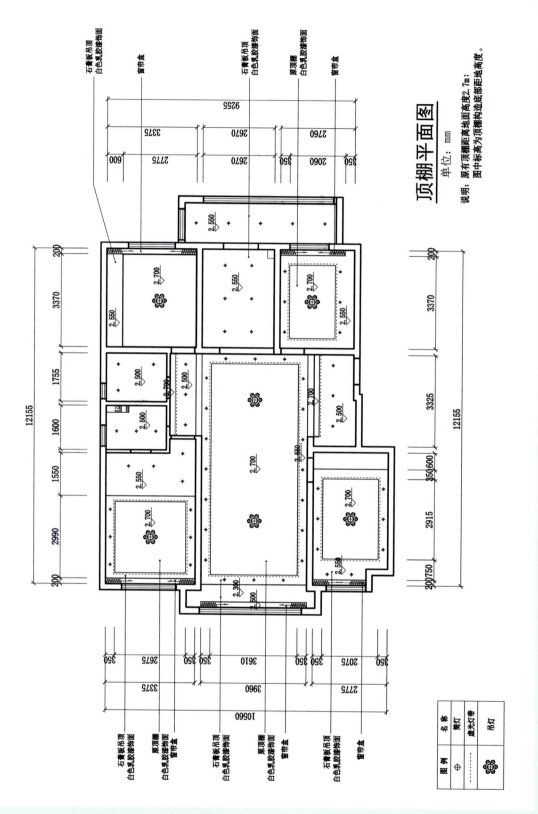

图1-2-6 某住宅室内设计——顶棚平面图
（扫底封二维码查看高清大图）

图1-2-7

图1-2-7 某住宅室内设计方案效果图
（扫底封二维码查看高清大图）

② 施工图图纸封面应包含的主要内容有项目名称、设计单位、设计日期等。

③ 施工图设计说明是对施工图的具体解说，用以说明施工图中尚未完整标明的部分以及设计对施工方法、质量的要求等。主要包括设计及施工依据、工程概况、材料使用说明、工程做法概述、图纸的使用方法及其他必要性说明等。

④ 图纸目录应包含的主要内容有图纸编号、图纸名称等。

⑤ 图框中应体现的主要内容有设计单位名称、项目名称、图纸名称、图纸编号、图别、图纸比例、设计日期，以及项目负责人、审核人、校对人、设计人、绘图人的签名等。

⑥ 设计图应包含的主要内容有物体尺寸大小、标高、用材的颜色、用材的规格、用材的品牌、工程做法、设备设施名称及品牌型号等。

a.平面图主要包括户型原始平面图、墙体拆改平面图、平面布置图、地面铺装平面图、顶棚平面布置图、顶棚尺寸定位图、顶棚灯位布置图、插座位置图、给排水位置图等（图1-2-8～图1-2-11）。

b.立面图主要包括玄关立面图、过廊立面图、客厅立面图、餐厅立面图、卧室立面图、书房立面图、厨房立面图、卫生间立面图等。

c.剖面及节点大样图主要包括吊顶剖面及节点大样图、背景墙剖面及节点大样图等。

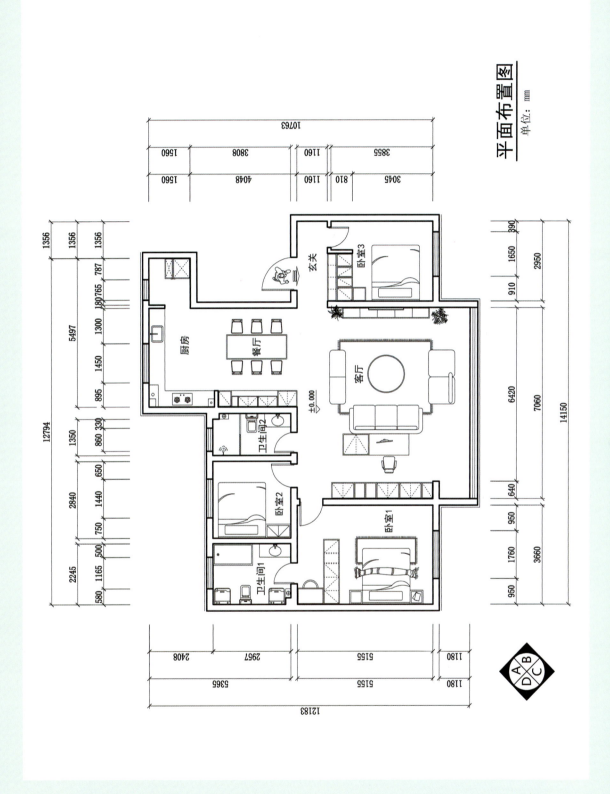

图1-2-8 某住宅装饰设计方案——平面布置图
（扫底封二维码查看高清大图）

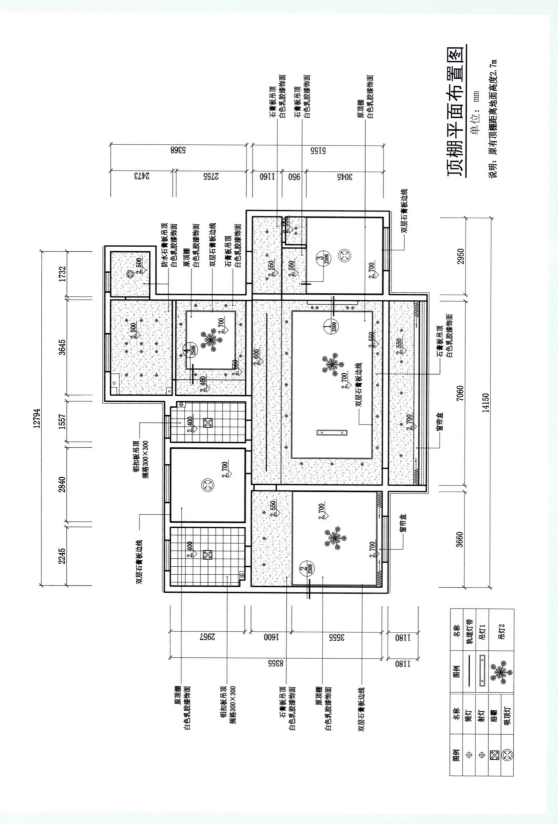

图1-2-9 某住宅装饰设计方案——顶棚平面布置图
（扫底封二维码查看高清大图）

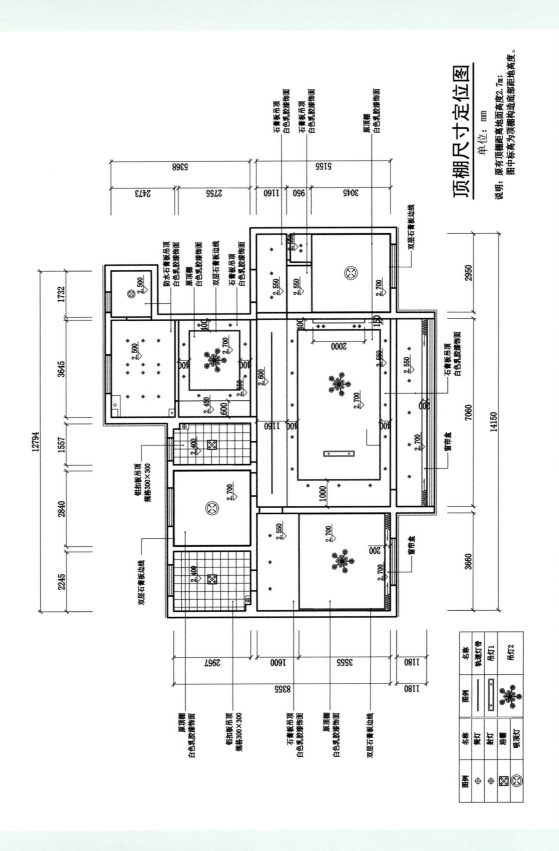

图1-2-10 某住宅装饰设计方案——顶棚尺寸定位图
（扫底封二维码查看高清大图）

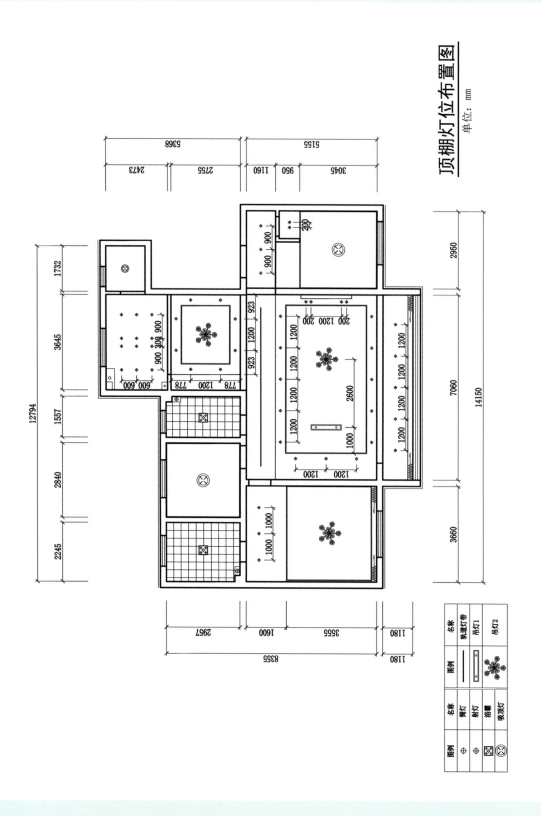

图1-2-11 某住宅装饰设计方案——顶棚灯位布置图
（扫底封二维码查看高清大图）

模块二

勘察现场与量房

住宅室内设计
ZHUZHAI
SHINEI SHEJI

> 教学目标：掌握勘察现场的方法；掌握现场徒手绘制户型平面图草图的方法；掌握平面尺寸测量、立面尺寸测量、细节尺寸测量的方法与注意事项。
> 教学重点：现场徒手绘制户型平面图；户型平面尺寸测量与数据标示；户型立面尺寸测量与数据标示；细节尺寸测量与数据标示。

【专业知识学习】

设计师进行室内设计工作的第一步就是要进行现场勘察和量房，一方面是深入实地勘察了解户型的空间状况，另一方面是获取准确的户型尺寸数据。

一、勘察现场

1.室内空间观察

在对室内空间进行观察时，首先要了解各个房间的位置分布，弄清楚哪里是主卧室哪里是次卧室，哪里是厨房哪里是卫生间，等等。其次，通过观察要能够在脑海中构筑起一个虚拟的三维空间，以便在后续设计中能始终用一种立体空间的形象思维去引导设计。再次，要在现场通过实地体验了解空间的尺度感受。最后，在进行空间观察时要注意各功能区之间的关系，了解功能区之间的过渡是否自然，是否合理(图2-1～图2-4)。

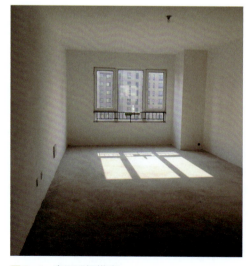

图2-1 客厅现场勘察

图2-2 玄关现场勘察

图2-3 卫生间现场勘察

图2-4 走廊现场勘察

2.建筑周围环境观察

建筑周围的环境对设计会有很大的影响,设计者要注意观察了解建筑周围的环境情况。比如,哪个房间会被前面的建筑物遮挡而影响采光,哪个窗户能看到外面的风景,哪个窗户对着江河,哪个窗户能看到远山,哪个窗户能被对面建筑的人看见,等等(图2-5、图2-6)。

图2-5 北卧室周围环境观察

图2-6 南卧室周围环境观察

图2-7　电闸箱及暖气片等设施　　　　图2-8　给排水管线设施

3.室内承重结构观察

在进行室内设计时，绝对不能破坏室内承重结构。因此在勘察现场时要实地了解并核实哪里是承重墙，哪里是非承重墙。

4.室内设施观察

在对室内空间进行观察时，还要对电气、给排水、供暖、通风等设施做到心中有数，比如配电箱的位置、地热分水器的位置、煤气主管道的位置、上下水的位置、电源插座的位置等(图2-7～图2-10)。

二、户型测量与数据标示

为了精准实施设计，避免设计失误或者造成施工浪费，需要设计者对户型进行详细的测量，以获取精准的户型尺寸数据。

1.户型平面尺寸测量与数据标示

户型平面尺寸测量要测量出各个墙面、门窗的平面直线长度，如果某些空间是有角度的，还需要测量出角度。测量时要求精确到毫米。设计者在测量平面尺寸时，都会在现场徒手绘制平面框架图，并在图纸上标注相应尺寸。需要注意的是，绘制墙体时要绘制出墙体厚度，并测量标注出墙体厚度尺寸(图2-11～图2-18)。

图2-9 地热分水器设施

图2-10 煤气表及煤气管线设施

图2-11 使用钢卷尺测量墙体长度

图2-12 使用激光测距仪测量墙体长度

图2-13 测量墙体厚度

图2-14 测量梁的宽度

图2-15 测量细部水平尺寸

图2-16 测量墙垛细部水平尺寸

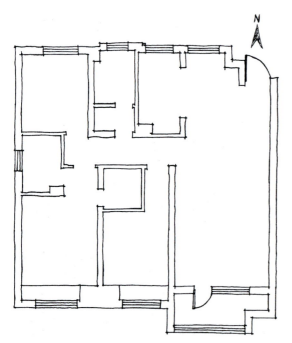

图2-17 现场徒手绘制的户型平面图草图
（扫底封二维码查看高清大图）

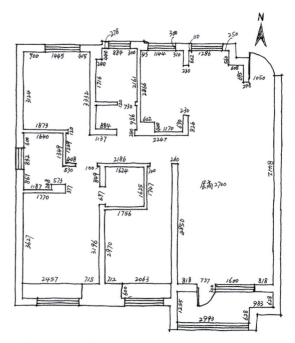

图2-18 标注详细尺寸的户型原始平面图草图
（扫底封二维码查看高清大图）

图2-19　垭口高、梁高、门洞高尺寸测量　　　图2-20　窗台高、窗户高、层高尺寸测量

2. 户型立面尺寸测量与数据标示

户型立面尺寸测量主要包括层高、梁高、门洞高度、垭口高度、窗台高度、窗户高度等。立面尺寸影响吊顶的装饰结构和立面的装饰处理，应精确测量，不应忽视（图2-19～图2-21）。

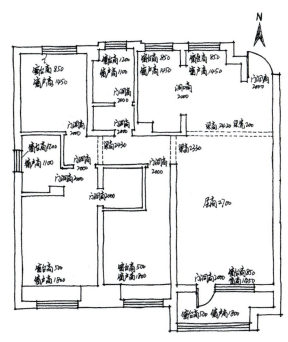

图2-21　在户型平面图上标注立面高度尺寸
　　　　（扫底封二维码查看高清大图）

在测量立面尺寸时，为节省量房时间一般不必徒手绘制立面图，只需将测量数据标注在户型平面图上即可(图2-21)。

3.细节尺寸测量

细节尺寸测量具体内容如下。

① 裸露管道的位置尺寸测量（图2-22）。

② 厨房油烟管道、煤气管道的位置尺寸测量（图2-23）。

③ 厨房上下水口的位置尺寸测量（图2-24）。

④ 卫生间上下水口、马桶排污口的位置尺寸测量（图2-25）。

⑤ 电表箱的位置尺寸测量（图2-26）。

⑥ 地热供暖分水器的位置尺寸测量（图2-27）。

⑦ 暖气片的位置尺寸测量（图2-28）。

⑧ 开关、插座的位置尺寸测量（图2-29）。

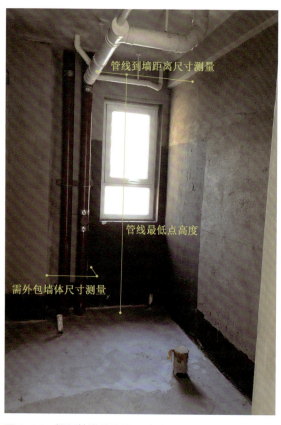

图2-22 裸露管道的位置尺寸测量

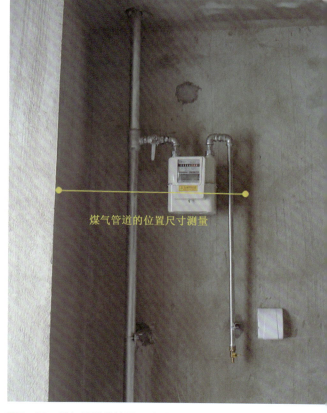

图2-23 煤气管道的位置尺寸测量

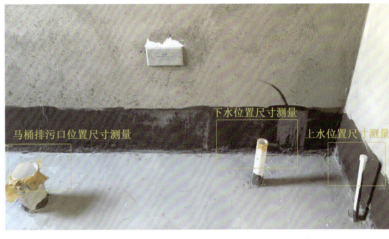

图2-24 厨房上下水口的位置尺寸测量

图2-25 卫生间上下水口和马桶排污口的位置尺寸测量

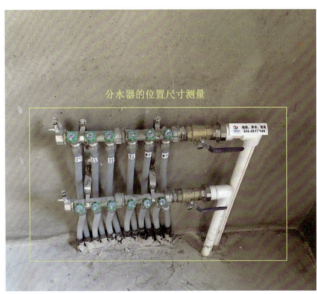

图2-27 地热供暖分水器的位置尺寸测量

图2-26 电表箱的位置尺寸测量

模块二 勘察现场与量房 | 039

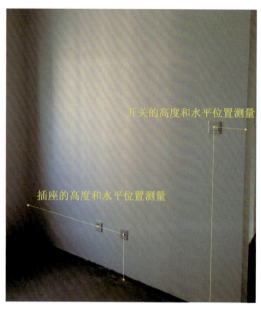

图2-28　暖气片的位置尺寸测量　　　　图2-29　开关、插座的位置尺寸测量

任务实操训练 ▶▶▶

一、任务内容

以某住宅装饰装修项目为例,根据提供的户型勘测现场,现场徒手绘制户型平面图草图,完成量房任务,并使用CAD软件完成户型原始平面图的绘制。

二、任务要求

① 现场徒手绘制户型平面图草图。
② 准确、完整地测量户型平面尺寸、立面尺寸、细节尺寸。
③ 准确、完整地拍摄现场,形成照片记录。
④ 按照制图规范,熟练使用CAD软件绘制户型原始平面图。

设计风格的选择与设计意向的确定

模块三

任务一 新中式风格

> 教学目标：了解新中式风格的艺术精神；掌握新中式风格的材料应用；掌握新中式风格的造型装饰；掌握新中式风格的色彩应用；掌握新中式风格的设计要素与处理手法；能够准确判断新中式风格，能够依据设计定位、空间使用性质及需求，在设计中准确把控设计风格。
>
> 教学重点：新中式风格设计的材料应用；新中式风格室内设计的造型装饰；新中式风格的色彩应用；新中式风格的设计要素与处理手法。

【专业知识学习】

新中式风格，也被称为现代中式风格。它是继承中国传统文化，并将其进行现代化演绎的一种设计风格。其最基本的理念是基于中国传统审美文化思想，并通过现代设计语言进行表达。之所以被称为"新中式风格"，就在于它首先是"中式风格"。新中式风格以"中国味"为主题，从品貌到骨子里都映射出中式风格的影子。新中式风格体现出中国人在物质生活方面的个性特征，以及审美个性和精神特征（图3-1-1、图3-1-2）。

一、新中式风格的艺术精神

新中式风格的艺术精神是继承与创新。新中式风格吸取中国传统文化的底蕴与精华，尽管它是以传统中式风格为基础，保留了中国味，使得中国元素被灵活运用，但在风格的传承上，并不是简单对传统中式风格的复古，而是对中式风格的创造性延伸。它既是中国传统文化在当前新时代背景下的演绎，也是在对中国传统文化充分理解基础上进行的当代设计（图3-1-3）。

二、新中式风格的材料应用

在现代中式住宅室内空间中，装饰多使用木质材料，有些时候出于成本因素的考虑，实木做的构件已经十分少见，一些名贵木材更是在设计应用中近乎绝迹。同时，受到现代派室内设计潮流的影响，玻璃、金属等现代建筑装饰材料也得以广泛应用，为新中式风格室内设计打上了"现代"的标签（图3-1-4）。

图3-1-1 新中式风格之轻奢风

图3-1-2 新中式风格之极简风

图3-1-3 新中式风格是对中国传统文化的继承与创新

图3-1-4 玻璃、金属、皮革等现代建筑装饰材料在新中式风格中得以广泛应用

模块三 设计风格的选择与设计意向的确定 | 043

三、新中式风格的造型装饰

在造型上,新中式风格充分展现了中国传统、优雅、独特的气质。

一方面,直接将传统装饰造型应用在设计中。这需要遵循一定的方法与技巧,所选择的传统工艺和造型在外观及其架构复杂程度上会尽量与现代室内装修风格以及空间布局相协调,以符合现代人的生活需要和审美观。

另一方面,可以简单就不复杂化。传统中式风格造型注重线条装饰的精雕细刻,复杂而繁琐,在造型表层上一般会雕刻富有含义的精美图案纹样。随着时代发展和生活方式的改变,人们更加喜爱简洁精致、内敛质朴的外观。因此,新中式风格设计中常常去掉大部分斑斓复杂的镂空结构及繁杂的雕刻纹样装饰,大多以简洁、硬朗的直线条为主,并常与现代简约式家具组合搭配,体现出现代生活中人们对简单自由的追求(图3-1-5~图3-1-7)。

图3-1-5　新中式风格中传统工艺及造型在外观及其架构复杂程度上会尽量符合现代人的生活需要和审美观

图3-1-6　新中式风格去掉复杂的镂空结构与雕刻纹样等装饰，大多以简洁、硬朗的直线条为主

图3-1-7　新中式风格中传统装饰元素的简约抽象处理

四、新中式风格的色彩应用

在传统中式风格色彩应用中，纯色及原色的比重较大，且色相明显较集中于"赤、黄、青、黑、白"等基础"五行"颜色（五正色）。随着时代发展和思想观念的更新，新中式风格在传统中式风格的基础上对色彩应用做出了改进和调整，突破了传统，大量采用了粉色、紫色、橙色、绿色、棕色、金色等颜色。色彩繁多，但却相得益彰。

新中式风格的色彩特点可归结为"浓而不艳"，常使用浓色打造出高端、低调、奢华、有内涵的设计感。常选取黑色、白色、灰色作为色彩基调，加以绿色、蓝色、黄色、红色为点缀，甚至直接使用自然色（如土色、米色等）作为设计的主色调。

1. 新中式色彩——"中国红"

"中国红"是中国人特别喜欢的颜色,美丽、古朴,象征着吉祥、喜庆。"中国红"具有它独有的深邃与丰富,华贵而优雅,可以很直观地展现中式美学的魅力,展现空间意韵,传达中华文化独有的气质。它的美沁人心脾,直入心扉,有一种渗入到骨子里的优雅美,点睛效果十分明显(图3-1-8)。

2. 新中式色彩——"青色古风"

中国古代的"青"色并不单指一种颜色,而是一种介于蓝色与绿色之间的颜色。青色蕴含着坚强、希望、古朴和庄重,具有风雅的气质。青色的色调偏蓝,是一种温柔、静谧的色彩,能更好地展现出柔美和优雅的空间意韵(图3-1-9)。

图3-1-8 新中式色彩——"中国红"

图3-1-9 新中式色彩——"青色古风"

3. 新中式色彩——"帝王黄"

中国古代崇尚黄色，起源于农耕时代的"敬土"思想。鲜亮、炽烈的黄色体现出尊贵之气，能够装饰出既时尚现代又具有东方意韵的气质，能呈现出东方精神境界的端庄与丰华（图3-1-10）。

4. 新中式色彩——"木本色"

木本色淡雅而清新，给人亲切自然之感，不用油漆掩盖木色，能充分展现木材本身的魅力。对于家来说，原木色的运用让空间极具生命力，它自然、温暖、自带质朴的气息，能够轻易地让家温馨起来。回归材料自然本色，天然朴实无华，剥离华丽的装饰，能营造出自然淳朴的基调，温润中散发出古韵（图3-1-11）。

5. 新中式色彩——"黑白灰组合"

水墨晕染，飘逸淡然，新中式的黑白灰色彩结合，于形于神，都在将写意背景烘托入境，让整个空间在充满诗意的格调中散发出一种悠远、浓厚的文化韵味。新中式装饰的黑白灰色彩组合极具东方美学精神，是将传统中式风格的精髓加以提炼并丰富，继而通过与现代潮流的对话、交融而产生的创新。黑白灰结合，展现着平静内敛的气质与高雅古韵的氛围，有着意韵深远的笔墨清香（图3-1-12）。

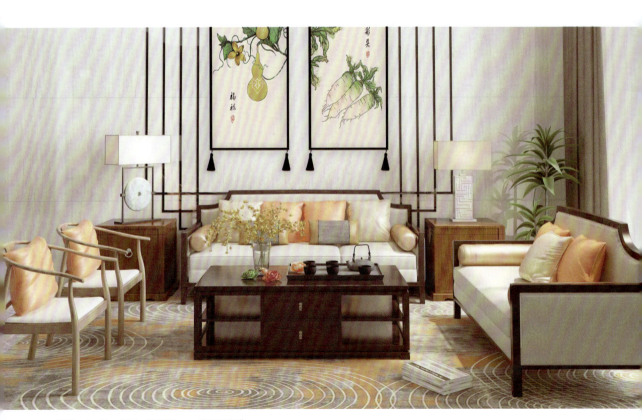

图3-1-10 新中式色彩——"帝王黄"

图 3-1-11　新中式色彩——"木本色"

图 3-1-12　新中式色彩——"黑白灰组合"

6. 新中式色彩——"黑白红组合"

"黑白红组合"在新中式风格中是比较典型的配色，可以产生鲜明的对比。在以黑白为基调的环境中添入些许红色，给古韵的氛围中带来一点雅致，让空间恰到好处地流露出中式格调，清新优雅，还带有轻奢的感觉。黑白红组合在将传统文化的精髓最大化表达的同时，也为空间注入一分明快与活跃（图3-1-13）。

图 3-1-13 新中式色彩——"黑白红组合"

五、新中式风格的设计要素与处理手法

1. 讲究对称

对称设计是传统中式风格的特点,新中式风格也延续了这种设计手法。在新中式风格里,对称设计体现在背景墙造型、家具布置等很多方面,带给人们端庄稳健的感觉(图3-1-14)。

2. 墙面留白

留白是中国艺术作品创作中常用的一种手法,指书画艺术创作中为使整个作品画面、章法更为协调精美而有意留下相应的空白,留有想象的空间。所谓墙面留白,并不是把墙面都刷成白色,而是指墙面装修不会铺满某种材质(比如木饰面、硬包等),同时留空比较大面积的、简洁的浅色墙面,使整体空间有一种简约大方的氛围。新中式风格讲究留白,着墨疏淡,不失韵味。沉浸在留白的氛围里,一种平和自然的心境油然而生(图3-1-15)。

3. 木质线条装饰

在背景墙、吊顶等边线位置加入木质线条的装饰,可以增添空间的层次,同时又能增加中式气息,使空间富有意境。这也是新中式风格设计里简单有效的处理方式(图3-1-16)。

图3-1-14 新中式风格中家具陈设及界面造型装饰常讲究对称

图3-1-15 新中式风格中的"墙面留白"

图3-1-16 新中式风格中木质线条装饰被广泛应用在墙面、顶棚的装饰上

4.屏风、隔扇、隔断造型

屏风、隔扇、隔断是中式风格里的经典设计元素,在新中式风格中也十分常见。它可以起到分隔空间、增加空间神秘感的效果。为彰显中式风格的气质,还可以适当地在背景墙上设计屏风、隔扇、隔断造型,增添空间的中式韵味(图3-1-17、图3-1-18)。

图3-1-17 屏风造型演变成一种墙面装饰，展现了历史的痕迹与当代的文化交融

图3-1-18 新中式风格常以通透的木质隔断实现空间的分隔

5.圆形造型

圆形在传统中式风格里是一种很别致的设计元素，如月亮门、圆孔设计、圆形装饰画等都是很好的例子。在做新中式风格设计的时候，适当增添一些圆形的造型（比如在墙面或天花上）或者陈设一些圆形的装饰画、装饰品，都能营造出浓郁的中式意境氛围（图3-1-19）。

图3-1-19 新中式风格常用圆形造型

图3-1-20 新中式风格常用山水墨画来增添空间的意境

6.山水墨画的意境

山水墨画是中式风格的基本设计元素,在新中式风格里,这个元素依旧被保留下来,如墨色的山水、花鸟图案。它可以应用在装饰画上,也可以用到背景墙的图案上,比如大幅的硬包、墙画等,都可以用山水墨画的设计来增添空间的意境(图3-1-20)。

7.禅意优雅的陈设品

中国传统的陈设品种类繁多,装饰手法丰富多彩,如山字式笔架、宫灯、书法、山水画、古玩、丝绸、青花瓷等。选择适合的传统陈设物品可以增加室内空间的东方之美。在新中式风格的空间里,陈设品一般都是以简洁、优雅的设计为主,比如禅意格调的花瓶、插花、盆景、陶艺品等(图3-1-21)。

图3-1-21　在新中式风格的空间里,陈设品一般都以简洁、优雅的设计为主,追求禅意格调

例如陶艺品,它是中国传统文化的一种艺术品。陶瓷的艺术品、花瓶放在新中式风格空间里,可以带来朴素、端庄与禅意的气质,再加上中式插花的装饰点缀,能让空间显得儒雅精致而高级。

又例如盆景,它起源于中国,是中华优秀传统艺术之一。盆景艺术贵在自然,小中见大,意境深远,寓无限于有限之中,犹如缩小版的山水风景。新中式风格的空间中通常会陈设盆景,为空间注入独特的禅意意境。一件精美的盆景陈设能散发出浓郁的中式气息(图3-1-22)。

8. 软硬结合的新中式家具

新中式风格家具传承了传统中式家具的艺术思想,在其基础上加以简化,更加适应现代多样化和造型加工工艺的发展。在其线条装饰中,既保证了功能的实用性,又反映出对现代简约生活的追求。新中式家具在现代设计理念中融入传统工艺元素结构和具有代表性的线条特征,既传承了中国传统思想文化的理念和风格,也是现代设计理念的创新发展。

在传统中式风格中,家具一般是以硬实木为主,整体较为硬朗;而在新中式风格中,则是引入一些软质的皮艺或布艺,让家具具有更加现代舒适的体验。所谓软硬结合的家具,就是以实木为框架基础,加入布艺或皮艺坐垫、靠背的设计。比如沙发、餐椅、床铺等,在新中式风格的设计里,都是实木加布艺或皮艺结合的款式。这种家具既可以保持一定的中式特征,又能提供现代舒适的体验(图3-1-23～图3-1-25)。

图3-1-22 一件精美的盆景陈设能散发出浓郁的中式气息

图3-1-23 保留传统文化精、气、神的新中式家具

图3-1-24 用全新概念诠释传统文化的新中式家具

图3-1-25 新中式家具反映出人们对现代简约生活的追求

9.传统纹样的提取再设计

中国传统纹样形式多种多样,不论是玉器、漆器、服饰还是装饰,都铭刻着传统纹样的特色瑰美。云雷纹、祥云纹、如意纹、唐草纹、万字纹、寿字纹、回纹等传统纹样在新中式风格设计中常有运用。对传统纹饰纹案、符号的提取再设计是新中式风格设计采用的重要方式之一。新中式风格常借鉴传统纹饰纹案、符号,通过提取元素精髓,进行抽象、解构、变形、移植、拼贴等艺术处理,使得历史的痕迹与现代的文化相互融合统一,形成内在的联系,并结合新材料应用到室内环境中,打造富有传统韵味的空间(图3-1-26~图3-1-31)。

图3-1-26 新中式风格展现了当代中国人的审美个性和精神特征

图3-1-27 新中式风格的墙面装饰借用传统窗棂造型

图3-1-28 新中式风格台灯金属支架采用传统回纹设计

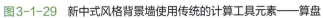

图3-1-29 新中式风格背景墙使用传统的计算工具元素——算盘

图3-1-30　中式传统文化元素、符号、纹样等的提炼、组合、抽象及简化

图3-1-31　将"鸟笼"元素置入床头背景是传统文化符号的拼贴处理

任务二 现代风格

> ▶ 教学目标：了解现代风格的主要特征；掌握现代风格的材料应用；掌握现代风格的造型装饰；掌握现代风格的色彩应用；了解现代风格的主要流派；能够准确判断设计风格，能够依据设计定位、空间使用性质及需求，在设计中准确把控设计风格。
>
> ▶ 教学重点：现代风格的材料应用；现代风格的造型装饰；现代风格的色彩应用。

【专业知识学习】

现代风格即现代主义风格，现代主义也称功能主义。现代风格是当今应用最为广泛的一种风格，追求时尚与潮流，非常注重居室空间的布局与使用功能的完美结合。现代风格重视功能和空间组织，注重发挥结构构成本身的形式美，造型简洁，反对多余装饰，崇尚合理的构成工艺；尊重材料的特性，讲究材料自身质地和色彩的配置效果；强调设计与工业生产的联系（图3-2-1）。

图3-2-1　现代风格室内设计

一、现代风格的主要特征

1.简洁性

现代风格以简洁的表现形式满足人们对空间环境那种感性、本能、理性的需求,让所有的细节看上去都非常简洁。在装饰上将设计的元素、色彩、照明、原材料简化到最少的程度。现代风格的简约设计并非只是进行简单的否决、减少和净化,而是在化繁为简中去除多余的设计元素,保持空间的宽敞和内外通透,从而体现出空间的纯净感(图3-2-2)。

图3-2-2 化繁为简的现代风格室内环境

2.功能性

现代主义是将实用作为美学的主要内容,将功能作为设计追求目标的一种创作思潮,即"形式服从功能"。重视功能性不仅考虑解决人的生理需要,还要考虑解决人的心理需要,外观形式成为功能的一个组成部分。基于重视功能性,现代主义在美学设计的基础上又融汇了心理学、符号学、人类学、社会学和人体工程学等多学科领域的内容,使设计变得更加理性、科学,更加追求舒适感。同时,现代风格设计还讲究结实耐用,方便组装、拆卸和维修,注重节省资源和有利于回收,等等(图3-2-3)。

现代风格室内设计追求空间的实用性和灵活性,空间的利用率要求达到最高。空间组织不再是以房间组合为主,空间的划分也不再局限于硬质墙体,而是更注重会客、餐饮、学习、睡眠等

图3-2-3 电视背景墙增加了收纳功能

功能空间相互渗透的逻辑关系,常通过家具、吊顶、地面材料、陈列品甚至光线的变化来表达不同功能空间的划分,而且这种划分又随着不同的时间段表现出灵活性、兼容性和流动性。

3. 抽象性

受现代抽象表现主义美学的影响,现代风格室内设计在界面、家具、陈设等方面都走向了抽象。正是这种造型与色彩的回归原初,与当时的技术发展相契合,从而真正解决了自工业革命爆发以来的艺术与技术的矛盾,达到了艺术与技术的统一(图3-2-4、图3-2-5)。

4. 重视个性和创造性的表现

现代风格的居室重视个性和创造性的表现,不主张追求高档豪华,而着力于有区别的个性化表现。追求住宅小空间多功能也是现代风格室内设计的重要特征。例如,对于家庭视听中心、迷你酒吧、健身角、家庭电脑工作室等这些与主人兴趣爱好相关的功能空间,完全可以按主人的个人喜好进行个性化的多功能设计,从而表现出实用、多功能、个性化,以及与众不同的效果(图3-2-6)。

二、现代风格的材料应用

现代风格室内设计在选材上不再局限于石材、木材、面砖等天然材料,而是将选择范围扩大到金属、涂料、玻璃、塑料以及合成材料。现代风格对材料的质感要求很高,追求

图3-2-4　现代风格设计注重抽象意念的表达

图3-2-5　现代风格家具趋于抽象的有机形态

图3-2-6　现代风格重视个性和创造性的表现

材料的精致品质、精细工艺，多采用人造装饰板、织物、玻璃、皮革、金属、塑料等材质，利用质感的丰盈和造型的简洁来表现现代的功能美、工业美、科技美，通常使用大面积的同一种材料以形成一定的视觉冲击力。视觉感官上体现出纯粹、简约、时尚、高级的品质感。在材料之间的关系上，现代风格设计会通过特殊的处理手法以及精细的施工工艺来达到要求（图3-2-7、图3-2-8）。

图3-2-7　现代风格追求材料的精致品质和精细工艺

图3-2-8　现代风格设计呈现纯粹、简约、时尚、高级的品质感

三、现代风格的造型装饰

现代风格提倡使用简单的几何造型来进行室内装饰，常运用简洁的直线和规则的几何曲线；讲究点、线、面的构成与组合，以体现出很强的形式美与抽象美；提倡标准化原则，追求降低成本；摒弃过于繁琐的装饰，很少采用装饰图案。这种形式上的特点可以为人们营造出一种简单明了的视觉感受，置身于其中不会产生任何复杂、多余、压抑的感觉（图3-2-9、图3-2-10）。

图 3-2-9　现代风格摒弃繁琐的装饰，很少采用装饰图案

图 3-2-10　现代风格常运用简洁的直线、规则的几何曲线，讲究点、线、面的构成与组合

四、现代风格的色彩应用

1.现代风格的色彩搭配概括简洁

现代风格讲究"限制色彩",色彩一般比较单一,多选用单色或少数几种颜色搭配。通常避免使用多种颜色混搭,避免使用对比强烈、复杂华丽的颜色,反对繁琐的花纹色彩搭配。在色彩上追求平和、舒缓、内敛之感,常以无彩色系的黑白灰为主,常使用大片的中性色,即使是使用很鲜明的色彩也会表达得尽量概括简洁,同时在色彩搭配上更加注重统一与变化、调和与对比、均衡与稳定之间的关系,以满足空间中色彩功能的独特性和实用性(图3-2-11)。

2.现代风格的色彩搭配具有多变性

现代风格的色彩搭配还具有多变性,在设计中常会根据不同的空间属性进行不同的色彩搭配。例如在一些相对严谨的空间设计中,会采用灰色、蓝色等冷色调,使人保持冷静的头脑;但在一些相对轻松的环境中,则会选择较为鲜亮的色彩,营造一种相对活泼轻松的氛围,以激发人们的创造力和想象力(图3-2-12)。

3.现代风格设计中常用高级灰色系

现代风格设计中常融入高级灰的质感和轻奢风元素,形成极为高级的视觉效果,能营造出低调而不失优雅的空间氛围。高级灰予人平静,让人有种想要立刻安静的感觉;高级灰予人冥想,空间在灰色调的抚平下变得静谧,在灯光的搭配下显得更为神秘。丰富内敛的高级灰在简约时尚空间的衬托下,再强烈的色彩与材质都会不知不觉被其收服,共同铸成简单舒适的居住空间(图3-2-13)。

4.现代风格设计中常运用留白手法

空间留白是现代极简主义常用手法,通过留白可以强调设计的本质,创造强烈对比感,

图3-2-11 现代风格通常避免使用多种颜色混搭,避免使用对比强烈、复杂华丽的颜色

图3-2-12 在一些相对轻松的环境中会选择较为鲜亮的色彩,营造相对活泼轻松的氛围

图3-2-13 高级灰能营造出低调而不失优雅的室内空间

制造出想象的空间。留白能够营造平和感，还能够创造视觉焦点，使用留白将必要的视觉信息和视觉焦点包围，通过对比可将核心、重点的信息凸显出来（图3-2-14）。

5.单色是极简主义的"秘密"之一

一般来说，极简主义室内空间的颜色是中性的，大多数时候，从天花板到地板、家具都是白色的。有时也会出现两种颜色，但很少是三种颜色，很多时候是同一种颜色褪色成不同色调形成层次的变化。单色的伟大之处在于，随机放置在某处的流行色永远不会被忽视。单色创造了空间的空旷，空旷的空间被认为是极简主义室内设计的一个重要特征（图3-2-15）。

五、现代风格的主要流派

1.北欧现代风格

北欧现代风格是指欧洲北部挪威、丹麦、瑞典、芬兰及冰岛等国的艺术设计风格(主要指室内设计以及工业产品设计)。北欧现代风格具有简约、自然、人性化的特点。北欧现代风格以简洁著称，并影响到后来的极简主义、简约主义、后现代等风格。在20世纪风起云涌的"工业设计"浪潮中，北欧风格的简洁被推到极致。北欧风格简洁、现代，整体感舒适自然，同现代简约风格十分相似，颇受年轻人喜爱。大体来说北欧风格基本分为两

图3-2-14 通过留白可强调设计的本质，创造强烈对比感，制造出想象的空间

图3-2-15 单色创造了空间的空旷

种，一种是充满现代造型线条的现代风格，另一种则是崇尚自然和乡间质朴的自然风格。

北欧现代风格注重人与自然、社会、环境的有机结合，集中体现了绿色设计、环保设计、可持续发展设计理念，也显示了对手工艺传统和天然材料的尊重与偏爱。形式上更为柔和、自然，因而富有浓厚的人情味。它的家居风格很大程度体现在家具的设计上，注重功能，造型简洁，线条简练，多采用明快的中性色（图3-2-16、图3-2-17）。

2.极简主义

20世纪20年代欧洲现代主义建筑大师密斯·凡·德·罗的名言"少即是多"（Less is more）被认为代表着极简主义的核心思想。极简主义最显著的特征是简洁和明确，追求的是一种纯粹的、无杂质的艺术效果。极简主义的宣言是"少即是多"，即用最简单的形式、最基本的处理方法、最理性的设计手段求得最深入人心的艺术感受。极简主义设计强调摒弃繁琐的装饰细节，而更加注重空间的整体造型、简洁的外在表现形式以及突出的视觉形象个性，是一种具有高度提纯特征的设计风格。极简主义以现代风格为基础，进一步简化，是当代室内设计中重要的风格倾向，是当今国际社会流行的设计风格（图3-2-18～图3-2-20）。

图3-2-16　北欧现代风格具有简约、自然、人性化的特点

图3-2-17　北欧现代风格崇尚自然、质朴，显示了对手工艺传统和天然材料的尊重与偏爱

图3-2-18 极简主义设计追求"少即是多",目的是突出功能性

图3-2-19 极简主义非常注重人性化考虑

图3-2-20 极简主义设计"限制色彩"

3.现代轻奢风格

所谓轻奢即在奢华的基础上去繁就简,去掉繁杂、累赘、浮夸,追求简单、极致、内在的一种生活方式。现代轻奢风格的设计,被定义为"一种有态度的设计"。大到框架布局,小到细节处理,都在低调之中透着高贵典雅之意,以一种特有的设计语言展现出恰到好处的精致美学和人生哲学。现代轻奢风格以高品质、设计感、舒适、简约为特点,摒弃传统的奢华装饰,回归生活本真,给人时尚简约、气质优雅且不失温馨舒适的感觉。

奢而不华是现代轻奢风格最主要的特征。于简约之中带有一丝奢侈的质感,但又显得低调沉稳,是其追求的境界。所谓"轻",即为"简",设计手法体现为去繁存简。而"奢",代表的则是材质的"奢",以及软装上的"奢"。这里的"奢",并非一味追求雍容华贵,而是以品质及设计来体现其意义上的"奢"。低调简约与极致奢华的碰撞,形成了独具特色的现代轻奢风格。它不再是传统的奢华装饰,而是注入美好与质感的设计美学。

图3-2-21 现代轻奢风格"奢而不华"

图3-2-22 现代轻奢风格"现代与古典的融合"

图3-2-23 现代轻奢风格高级却不张扬的色彩搭配

现代轻奢风格的常见设计元素有黄铜、丝绒。黄铜元素是轻奢空间中不可缺少的,它以独特的设计造型和经久不衰的高级魅力唤醒整个空间氛围,于空间之中呈现出奢华而又现代的美感。丝绒的手感丝滑,有韧性,天生具有高级感,选择丝绒材质的装饰单品置于空间之中,方能让空间变得灵动起来,轻奢意味不言而喻(图3-2-21～图3-2-23)。

4. 混搭设计

时代在变,生活方式也会随之而变,装修风格也是一样。即使是同一种风格,也会被丰富的审美需求赋予各种新元素,不断碰撞,不断交融,诞生出新的形态。混搭设计顾名思义,即是将两种或者两种以上不同的风格混合在一起,但绝不是胡乱拼凑,而是在两种或者两种以上迥异风格的结合中找到一种符合现代审美观念的搭配和协调美感。

(1)混搭不等于乱搭

混搭设计是一种特异的表现形式,符合当今人们追求个性、随意的生活态度。需要强调的是,混搭不是乱搭,不是人为地制造出一个"四不像",而是为了达到"一加一大于二"的效果。因此,设计时需处理好两个以上不同风格物品在同一空间里的搭配与协调,这样才能达到混搭目的。

(2)混搭是形散而神不散的统一

混搭设计讲求"形散而神不散",和谐统一是首要。各种风格并存在同一个空间中,既具备古典的唯美主义,又独具现代的知性美感;既可以有欧式的家具,也可以有中式的饰品。"混搭"不管怎样包容,绝不是生拉硬配,而是和谐统一,百花齐放,相得益彰。所有的聚合都是为了给居家环境营造一个主题的风格。

(3) 混搭是舒适性与随意个性的艺术结合

混搭设计作为设计形式被人们认识以来,因其轻松、随意、个性的特点而受到许多人的喜爱。家居饰品也在设计中加入了大量感性化和个性化元素。混搭设计家居饰品的运用往往比统一化的装饰手法更能体现主人的闲情逸致,也会让居家风格染上一层独有的不凡色彩(图3-2-24～图3-2-26)。

图3-2-24 混搭设计

图3-2-25 混搭设计是形散而神不散的统一

图3-2-26 混搭设计是舒适性与随意个性的艺术结合

任务三　现代欧式风格

> 教学目标：掌握现代欧式风格的特点；掌握现代欧式风格的常用装修构件要素；了解现代欧式风格的家具要素；能够准确判断设计风格，能够依据设计定位、空间使用性质及需求，在设计中准确把控设计风格。
>
> 教学重点：掌握现代欧式风格的风格特点；掌握现代欧式风格的常用装修构件要素。

【专业知识学习】

欧式设计风格泛指具有欧洲传统艺术文化特色的风格，包括法式、西班牙式、意大利式、英伦式等风格。其特点是端庄典雅、雍容华贵。欧式风格以浪漫主义为基础，常用精致的壁挂、大理石，精美的壁画、雕塑品和豪华的水晶吊灯等展示室内的华贵。

随着时代的发展以及欧式设计风格的不断演变，现代欧式风格获得了较多的欢迎。现代欧式风格延续了古典欧式风格的主要元素，将其简约化，并添加了现代化元素，致力于化繁为简，将传统欧式风格的"繁杂与多样"改为了具有时代气息的"简约与大方"，更注重实用性和多元化，其简约、奢华、精美变幻的造型得到了许多人的青睐。现代欧式风格主要有新古典主义欧式风格、现代简欧式风格两大流派（图3-3-1、图3-3-2）。

一、现代欧式风格的特点

1. 浪漫豪华

现代欧式风格在形式上以浪漫主义为基础，强调用华丽的装饰、浓烈的色彩以及精美的造型达到雍容华贵的装饰效果。客厅顶部喜用大型灯池，并用华丽的枝形吊灯、水晶灯营造气氛。门窗上半部多做成圆弧形，并用带有花纹的石膏线勾边。墙面常用壁纸、壁布，或结合墙裙装饰，以烘托豪华效果。

2. 造型注重立体感

现代欧式风格的立体感很强，无论是顶棚、墙面的界面造型，还是罗马柱、壁炉、家具、房门、柜门等物件的表面造型都经常使用凸凹起伏的线条，既突出凸凹感，又有优美的曲线，

图 3-3-1　新古典主义欧式风格

图 3-3-2　现代简欧式风格

还十分注重花纹的刻画,讲究精细的雕花工艺。这些均是注重立体感、强调华丽装饰的表现(图3-3-3)。

3.讲究门、柱、壁炉的造型

现代欧式风格很讲究门、柱、壁炉的造型。门的造型设计包括房间的门和各种柜门,既要突出凹凸感,又要有优美的弧线。柱的设计也很有讲究,一般在入厅口处设计典型的罗马柱造型,使整体空间具有强烈的西方传统审美气息。壁炉是西方文化的典型载体,选择现代欧式风格家装时,可以设计一个真的壁炉或假的壁炉造型,辅以灯光,营造欧式生活情调(图3-3-4)。

图3-3-3 现代欧式风格在形式上常用凸凹起伏的花纹线条塑造立体感,强调以华丽的装饰、浓烈的色彩以及精美的造型营造浪漫豪华的装饰效果

图3-3-4 现代欧式风格讲究门、柱、壁炉的造型

4.注重通过软装饰营造整体效果

现代欧式风格的室内空间特别注重用家具和软装饰来营造整体效果,大量使用浮雕和彩绘描金等奢侈的装饰工艺,常用大理石制品、多彩的织物、精美的地毯以及精致的壁挂等做装饰装修材料。浪漫的罗马帘、精美的油画、制作精良的雕塑工艺品等都是塑造现代欧式风格不可缺少的元素(图3-3-5)。

二、现代欧式风格的常用装修构件要素

1.罗马柱与拱形垭口

罗马柱是欧式风格建筑最显著的构造元素之一。现代欧式风格对于罗马柱这一元素采用了创造性的做法,在保持罗马柱古典样式的基础上,适当做了简化,并将其承重用途转化为以装饰用途为主。现代欧式风格多用拱形垭口来分隔空间,其造型从简单到繁杂,从整体到局部,精雕细琢、雕花刻金,营造出一种雍容华贵的韵律感(图3-3-6、图3-3-7)。

图3-3-5 现代欧式风格常大量使用浮雕和彩绘描金等奢侈的装饰工艺,也特别注重用家具和软装饰来营造整体效果

图3-3-6 罗马柱在现代欧式风格室内装饰中的应用

图3-3-7 拱形垭口在现代欧式风格室内装饰中的应用

图3-3-8 现代欧式风格设计常将壁炉作为视觉中心点

2. 壁炉

壁炉是西方文化的典型载体,是现代欧式风格设计的重要元素之一。它是室内取暖设施,一般设计在墙边位置,除了取暖外,也具有装饰作用。现代欧式风格设计常以壁炉为中心布置起居室,将视觉中心点落在壁炉及其上方的陈设品上,以体现房子主人的文化修养和艺术情结,并展现出浓浓的欧式风情(图3-3-8)。

3. 腰线与墙裙

腰线和墙裙是现代欧式风格中的常见元素。腰线纯粹属于装饰性构造元素,一般位于墙面的中部。所谓墙裙,很直观、通俗地理解就是立面墙上的"围裙"。这种装饰方法是在四周的墙上距地一定高度(例如1.5m)范围之内全部用装饰面板、木线条等材料包住,常用于卧室和客厅。现代欧式风格的三段式墙由"墙裙、墙面、檐壁"组成(图3-3-9)。

图3-3-9 现代欧式风格中的墙面及墙裙与腰线装饰

4. 木装饰线条与护墙板

现代欧式风格墙面的浮雕边框造型通过护墙板的形式来实现是比较常见的做法，整个边框线条与墙面都是以护墙板的形式直接安装在墙上。对于欧式造型墙面来说，这是一举两得的设计，既可以保护墙面，又能实现欧式艺术风格。护墙板的材质有实木、复合实木、PVC（聚氯乙烯材料）等（图3-3-10）。

5. 软包墙

现代欧式风格中常设计软包墙。软包墙就是在内墙表面用柔软材料包装墙面的装饰方法，它采用各种形状、颜色的软包拼接而成。家庭房屋装修中常用在卧室床头、客厅电视背景等地方。软包墙独特的立体感，软包的特殊工艺，以及它所运用材质的特点和奢华度，会给整个家居空间的品质带来极大的提升。软包采用的材料质地柔软，在装饰环境中能够很好地起到柔化空间氛围的作用（图3-3-11）。

6. 石膏线

石膏线，顾名思义，就是用石膏做成的装饰线条。随着"无吊顶"成为家装趋势，石膏线逐渐成为许多设计师选择的装饰技巧。石膏线在现代欧式风格中是比较常用的装饰元素，

图3-3-10　木装饰线条与护墙板是现代欧式风格墙面装饰的主要材料

图3-3-11 现代欧式风格卧室床头的软包背景墙

可以展现华丽气质,塑造空间立体感,是一种增加空间层次感的实用元素。在现代欧式风格中,石膏线常用在顶棚顶角处、墙壁阴角处、顶棚上、墙面上。石膏线还比较适用于层高不高的户型,可以直接代替吊顶装饰天花板,并且勾勒出有艺术感的造型。同时,石膏线还能隐藏缝隙和走线,做到干净利落的收口(图3-3-12、图3-3-13)。

7.波导线与地面拼花

现代欧式风格地面材料以石材或地砖为佳,一般采用波导线及拼花进行丰富和美化。波导,英文"boundary",表示边界,指地面铺材走边。波导线又称波打线,也称花边或边线等,主要用在地面周边沿墙边四周。在室内装修中,波导线主要起到进一步装饰地面的作用,使地面更富于变化,看起来具有艺术韵味,一般用深色瓷砖或大理石加工而成。

图3-3-12 现代欧式风格中石膏线常用在顶棚顶角处、顶棚上

图3-3-13 石膏线可以展现欧式风格的华丽气质,塑造空间立体感,是一种增加空间层次感的元素

现代欧式风格的地面常用瓷砖或大理石拼花、实木地板拼花等方式。实木地板拼花一般采用小几何尺寸块料进行拼接（图3-3-14、图3-3-15）。

三、现代欧式风格的家具要素

现代欧式风格家具常用白色或深色。深色家具显得复古且庄重，白色家具显得洁净、朴素而典雅。材质上，主要选择的是皮质感较强的家具和实木质地的家具。皮质家具也常会选择印花坐垫和靠背进行装饰。现代欧式风格家具的选择讲究与装修上的细节相称，带有西方复古图案造型家具的运用主要表现在线条变化上，常以兽腿、花束及螺钿雕刻来装饰（图3-3-16）。

图3-3-14　现代欧式风格地面装饰中的波导线与地面拼花

图3-3-15　现代欧式风格地面装饰中的实木地板拼花

图3-3-16　现代欧式风格家具

四、现代欧式风格的软装饰要素

现代欧式风格注重通过墙纸、灯具、窗帘、地毯、油画等软装饰要素凸显其风格特征。墙纸通常选择具有欧式风情的花纹类墙纸,呈现浓浓的欧式味道。灯具的使用注重突出奢华感和古典情调,华丽的水晶灯和烛台式金属吊灯是常用的选择。窗帘一般可选择欧式经典纹样,工艺上多为提花或绣花织物,锦缎质感和光泽的面料或高贵的丝绒面料都是不错的选择。窗帘一般都需设计帘头,帘头款式以优美的波浪帘头为宜,搭配精致的流苏或珠花边更能起到画龙点睛的作用。地毯是现代欧式风格地面装饰中的重要角色之一,其典雅精美的图案和舒适的质地能与欧式家具相得益彰(图3-3-17)。

图3-3-17　现代欧式风格软装饰要素的运用

任务四 美式风格

> 教学目标：掌握美式风格的特点；掌握美式风格的常用装修构件要素；了解美式风格的家具要素；掌握美式风格的软装饰要素；能够准确判断设计风格，能够依据设计定位、空间使用性质及需求，在设计中准确把控设计风格。
>
> 教学重点：美式风格的风格特点；美式风格的常用装修构件要素；美式风格的软装饰要素。

【专业知识学习】

美式风格是一种兼容并蓄的风格，源于美洲的殖民地文化，受到了欧洲乡村风格的影响，有着欧式的奢侈与贵气，又结合了美洲大陆这块土地的不羁，是一种非常自然和随性的设计风格，带有浓浓的乡村气息。美式风格装修简洁明了，以宽大、舒适杂糅各种风格而著称。现代比较流行的美式风格家居主要有美式乡村（田园）风格家居、美式新古典风格家居、美式现代风格家居（图3-4-1～图3-4-3）。

图3-4-1　美式乡村（田园）风格家居

图3-4-2 美式新古典风格家居

图3-4-3 美式现代风格家居

一、美式风格的特点

1. 用材多为天然材料

美式风格主张用木料、织物、石材等材料，显示材料本身的纹理，创造出一种古朴的质感，展现原始粗犷的风格特征，力求表现悠闲、质朴、舒畅的情调，营造一种自然的室内氛围（图3-4-4）。

2. 风格粗犷大气

与古典欧式风格、新古典主义欧式风格、现代欧式风格相比，美式风格要更加粗犷一些。

不仅表现在用料上，还表现在它给予人的整体感觉上。例如，一些美式家具往往采取做旧处理；美式家具一般体积庞大，质地厚重（图3-4-5）。

3. 崇尚古典韵味

美式风格强调优雅的雕刻和舒适的设计。在保留了古典家具的色泽和质感的同时，又注意适应现代生活空间。在这些家具上可以看到华丽的枫木滚边，枫木或胡桃木的镶嵌线，纽扣般的把手以及模仿动物形体的兽腿造型等。美式风格将古典风范与个人的独特风格和现代精神结合起来，使古典家具呈现出多姿多彩的面貌（图3-4-6）。

4. 强调"回归自然"

美式风格摒弃了繁琐和奢华，并将不同风格中的优秀元素汇集融合，以舒适为导向，强调"回归自然"，使这种风格变得更加轻松、舒适。美式风格突出了生活的舒适和自由，不论是感觉笨重的家具，还是带有岁月沧桑的配饰，都在诠释着这一点。特别是在墙面色彩选择上，自然、怀旧，散发着浓郁泥土芬芳的色彩是美式风格的典型特征（图3-4-7）。

图3-4-4　美式风格常大量使用实木装饰

图3-4-5　粗犷是美式风格的典型特征

图3-4-6　美式风格延续着古典欧式风范

图3-4-7　美式风格摒弃了繁琐和奢华，强调"回归自然"

二、美式风格的常用装修构件要素

美式风格起源于欧式风格，它包容了欧式风格的一些文化传统，设计中保留应用了诸多欧式风格的装修构件要素，如壁炉、拱形垭口、腰线与墙裙、木装饰线条与护墙板、软包背景墙、地面拼花、石膏线装饰等。门窗和墙壁的设计是美式风格家居比较重要的部分，常设计有拱门，墙面常用护墙板，常设计有腰线和墙裙，墙面软包也极为常见。壁炉是美式田园风格的标志性要素之一，在美式风格设计中应用壁炉能增加田园生活气息（图3-4-8～图3-4-10）。

图3-4-8　美式风格设计中保留应用了诸多欧式元素

图3-4-9　美式风格设计中常有腰线和墙裙

图3-4-10　美式风格设计中的拱形垭口

三、美式风格的家具要素

美式家具一般都具有体型较大和外观粗犷的特点，且不做过多的装饰。美式乡村风格的家具多为实木、皮革、布料材质，褐色、黄色以及卡其色为主要用色。实木家具呈现出木材纹理的古朴质感及厚重的历史韵味，家具造型线条简单。沙发的布料和皮质强调舒适度，宽松柔软，质地厚重。

美式乡村家具通常会进行做旧处理，以此突出家具的沧桑感和历史感，厚重和耐用中多了一分质朴，少了欧式家具的浮华。自然材质的流露、经典斑驳的印记，给人以历史感（图3-4-11、图3-4-12）。

图3-4-11 美式家具材质多用实木、皮革、布艺

图3-4-12 美式家具一般体型较大、外观粗犷，常见做旧处理

四、美式风格的软装饰要素

1.布艺

布艺元素是打造美式风格必不可少的组成部分。布艺的天然感与美式风格能很好地协调。美式风格布艺沙发一般都绘制自然植物图案，将室内环境点缀出勃勃生机，而布艺沙发的主要材质是棉麻，与美式田园自然情趣的配合相得益彰。美式风格窗帘的材质也多用棉麻提花款式，少了英伦田园的大量碎花装饰，多了简洁和质朴的豪放，颜色可深可浅，视空间大小而定。美式风格床品布艺的样式丰富多彩，可视不同实际情况做多样配饰（图3-4-13）。

2.墙纸和墙布

在美式风格设计中，墙纸和墙布是非常常用的装饰元素。美式风格一般选择花草纹图案或竖条纹、格纹的墙纸。由于美式家具的颜色多为深色，因此常选择浅色、亮色的壁纸，具体需视不同环境而定（图3-4-14）。

图3-4-13 布艺的天然感与美式风格能很好地协调

图3-4-14 美式风格设计中墙纸与实木墙裙的组合运用

3. 灯饰

美式风格装饰具有代表性的常用灯具有树枝式、油灯式、烛台式、戴帽式，如枝形吊灯、烛台式吊灯、戴帽式台灯、戴帽式落地灯、铁艺壁灯等，一般材质为铁艺或铜艺。美式风格经常用烛火和台灯来表达田园中的休闲、宁静和淡雅，若台灯的灯罩选择自然亚麻料或碎花装饰，则更易突出美式氛围。这些类型的灯具都带有浓厚的历史传统韵味，可以说是美式风格的经典元素。千姿百态的灯具营造出美式风格古朴自然的氛围，展现了美式风格独具魅力的一面（图3-4-15、图3-4-16）。

图3-4-15 枝形吊灯、烛台灯是美式风格的常用元素

图3-4-16 美式风格中常见的戴帽式台灯、戴帽式落地灯

4.铁艺饰品

在美式风格中,铁艺是变化最多的元素,小到一些工艺品,大到各种隔断,应用十分广泛。精致的铁艺饰品不仅打破了家居空间的单调,而且为家居生活增添了厚重的质感。铁艺作为建筑装饰艺术出现在17世纪初期的巴洛克建筑风格盛行时期,一直伴随着欧洲建筑装饰艺术的发展,所以常带有古朴、典雅、粗犷的艺术风格。在实际运用中,铁艺饰品多采用繁复纤巧的花鸟、藤蔓、十字等花纹展示铁质的古雅之美。在美式风格中,常运用到铁艺的地方有隔断、楼梯栏杆、家具的细部装饰、小工艺品、烛台、灯具及日常用具等(图3-4-17)。

图3-4-17　铁艺饰品为美式风格家居空间增添了厚重的质感

5.花艺绿植

美式风格具有欧式古典的浪漫,喜欢体现自然惬意,常应用花卉绿植来增添轻松自在感,创造一种更贴近生活的氛围。观叶植物、藤蔓类植物和西式花艺是美式风格室内绿植陈设的主要选择。摆放绿植时应注重植物与房屋的空间构图,重视层次感,常将绿植按照房型结构分别散布在每个房间,如地面、茶几、装饰柜、床头、梳妆台等处,形成错落有致的格局和层次,充分体现人与自然的和谐交流(图3-4-18)。

图3-4-18　美式风格喜欢体现自然惬意,花艺绿植是不可缺少的

任务五　地中海风格

> 教学目标：掌握地中海风格的特点；掌握地中海风格的常用装修构件要素；掌握地中海风格的色彩组合；掌握地中海风格常见装饰用材；了解地中海风格的家具要素；能够准确判断设计风格，能够依据设计定位、空间使用性质及需求，在设计中准确把控设计风格。
>
> 教学重点：地中海风格的特点；地中海风格的常用装修构件要素；地中海风格的色彩组合；地中海风格常见装饰用材。

【专业知识学习】

地中海位于亚洲、非洲、欧洲的交界处。地中海地区是西方古文明的发源地，在历史的长河中沉淀了各种文化。地中海风格的核心及表现要素受到了多民族、多元化文化的影响。因此地中海风格并不是一种单纯的风格，而是融合了这一区域特殊的地理因素、自然环境因素与各民族不同文化因素后所形成的一种混搭风格。地中海风格又可细分为希腊地中海风格、西班牙地中海风格、南意大利地中海风格、法国地中海风格、北非地中海风格（图3-5-1）。

图3-5-1　地中海风格是融合了这一区域特殊的地理因素、自然环境因素与各民族不同文化因素后所形成的一种混搭风格

一、地中海风格的特点

尽管地中海风格中最具有代表性的是希腊圣托里尼式，但地中海风格绝非简单的蓝白色堆砌和海洋元素拼搭，它是多元艺术高度融合之后沉淀出的气质。以希腊圣托里尼地区为代表的建筑装饰风格主要采用蓝白色，它确定了狭义上地中海风格的基调。但其实地中海海岸线很长，沿途穿越了大量的国家和地区，因此广义上的地中海风格是拜占庭、罗马、希腊、北非等多种艺术形式的融汇，它掺杂了南欧令人惊叹的审美，裹夹着北非摩尔人的特殊花纹图案，又带有中东的神秘异域风情和宗教感。这种融合感是地中海风格最迷人的地方。

地中海风格的装饰有着很鲜明的特征，自由、自然、浪漫、休闲是地中海风格的精髓。地中海风格建筑中常见有白灰泥墙、连续的拱廊与拱门、马赛克拼贴、蓝白色调的拱形门窗、原木做旧的家具、棉麻布艺织物陈设等。比如尽量采用低彩度、线条简单且修边浑圆的木质家具；地面多铺设赤陶或石板；马赛克的镶嵌、拼贴，呈现了斑斓典雅的装饰艺术效果；窗帘、桌巾、沙发套、灯罩等均以低彩度色调和棉织品为主，素雅的小细花条纹格子图案是主要风格；独特的铁艺家具，也是地中海风格的美学产物。同时，地中海风格家居环境还非常注重绿化，爬藤类植物和绿色盆栽最为常见（图3-5-2、图3-5-3）。

图3-5-2　自由、自然、浪漫、休闲是地中海风格的精髓　　图3-5-3　地中海风格建筑中常见的白灰泥墙

二、地中海风格的常用装修构件要素

1.拱券

地中海风格建筑中的拱券沿袭了古罗马的技术以及拜占庭的传统。半圆拱券在当地随处可见，可以作为门洞、壁龛或用柱子相连成为拱廊。由于各种建筑的类型不同，拱券的形式也略有变化。半圆形拱券为古罗马建筑的重要特征，尖形拱券为哥特式建筑的明显特点，而伊斯兰建筑的拱券则有尖形、马蹄形、弓形、三叶形、复叶形和钟乳形等多种。地中海风格的核心及表现要素受到了多民族、多元文化的影响，因此拱券形式也呈现出多样化的特点（图3-5-4）。

2.拱形门窗

拱形门窗是地中海风格中常见的建筑及装饰构件。拱形门窗的设计给居住者提供了不同的观景视窗，以及不同的景致。地中海风格家居设计中最常见的就是对门、窗及墙面造型的改造。家中的墙面可运用半穿凿或者全穿凿的方式来塑造室内的景中窗（图3-5-5、图3-5-6）。

图3-5-4　地中海风格建筑中的拱券沿袭了古罗马的技术以及拜占庭的传统

图3-5-5　拱形门窗在地中海风格建筑中随处可见

图3-5-6　墙面运用半穿凿或者全穿凿的方式来塑造室内的景中窗

模块三　设计风格的选择与设计意向的确定　｜　089

3. 壁龛

由地中海风格建筑中拱券造型衍生出的壁龛造型也是地中海风格的特色之一。地中海风格建筑中的壁龛是因墙壁厚实而制作的用来置物的地方，可节省空间，扩大收纳储物功能。地中海风格的壁龛造型大方简洁，也增加了空间的通透感（图3-5-7）。

图3-5-7 地中海建筑中的壁龛主要用来置物，可节省空间

4. 裸露的梁体

裸露的梁体也是地中海风格的特色标志。地中海风格的顶棚大致有拱顶、平顶、坡顶三种。平顶梁十分清晰地显示出主梁与次梁的关系，梁的截面为矩形，数根梁的组合构成富有层次的室内结构。裸露的坡顶梁更具力度，空间结构中轴对称，让整体空间形成视觉中心。现代住宅的装饰中如果没有梁，可以在顶棚上加横木来打造天然的裸露感（图3-5-8、图3-5-9）。

三、地中海风格的色彩组合

1. 蓝白色系

在地中海风格的分支中，最具有代表性的是希腊圣托里尼式的地中海风格。蓝白色彩组合是希腊圣托里尼式色系最具有识别性的色彩系列，是地中海风格的经典色彩组合，也是人们对地中海风格最直接的印象。蓝白色彩组合取自大海与蓝天的颜色。地中海沿岸居民受到

图 3-5-8　裸露的梁体是地中海风格的特色标志

图 3-5-9　地中海风格装饰中可在顶棚上加横木来模拟天然裸露梁体的效果

白色沙滩和湛蓝海水的启发，将墙体刷成混有细沙、贝壳的白色墙面，将屋顶、门窗、楼梯扶手、家具刷成天空和海水的蓝色，构成了住宅的色彩基调（图3-5-10、图3-5-11）。

2. 蓝紫、黄绿色系

地中海风格是一个非常崇尚自然的室内设计风格样式，室内色彩的搭配上必然会融合一种无形的回归自然与本真的审美价值。这种色系主要分布在意大利南部和法国南部等地，在这里能够看到成片的向日葵和薰衣草。将大片金黄色的向日葵花田和芬芳宜人的薰衣草，以

图3-5-10　蓝白组合——希腊圣托里尼式色系

图3-5-11　希腊圣托里尼式的蓝白组合是地中海风格的经典配色

图3-5-12　蓝紫色系

图3-5-13　黄绿色系

及各类绿植的颜色引入室内，形成别具一格的浪漫色彩组合，使人们仿佛在室内也能闻到那流淌在阳光下的薰衣草的花香和金黄色向日葵的灿烂芬芳（图3-5-12、图3-5-13）。

3. 土黄、红褐色系

受自然条件的影响，土黄色和红褐色是北非地区的象征性颜色，它代表北非特有的沙漠、岩石、泥沙的颜色，同时配合以北非乡土植物的深红、靛蓝、黄铜等颜色，让人们能够亲近土地，近距离地感受地表的温度以及土地的浩瀚与温暖。土黄色、红褐色是温暖、质朴的大地色系，也是地中海风格室内设计色彩搭配中的主要色系之一，主要分布于北非及摩洛哥等地区（图3-5-14、图3-5-15）。

图 3-5-14 土黄色系

图 3-5-15 北非的土黄及红褐配色古朴而醇厚

四、地中海风格常见装饰用材

1. 马赛克

马赛克装饰是一种古老的装饰艺术，发源于古希腊，原意是用镶嵌方式拼接而成的细致装饰。地中海建筑中用卵石，特别是由多彩的石料、贝壳、瓷器或者玻璃制成的小方块锦砖铺贴于室内的墙地面或柱体上，混合灰泥形成斑斓的装饰艺术效果。大面积的灰白墙面配以一定面积艳丽的马赛克装饰，并不会让室内显得炫目无比，反而能让细节从整体中跳脱出来，更显典雅（图3-5-16）。

图3-5-16　墙面马赛克装饰源于地中海古老的装饰艺术

2. 赤陶砖与黑白棋盘格

古希腊的雅典陶土资源丰富，随着手工业的繁荣发展，赤陶砖作为一种普遍的装饰材料走进了地中海沿岸居民的家中，并且得到了广泛的应用。拜占庭的陶瓷技术沿用至今，地中海每个地方似乎都有使用赤陶砖及其组合设计的传统。赤陶砖最大的特点是透气，较大的气孔使地面仿佛皮肤一样在呼吸，而且赤陶砖表面防滑不易积水，是地中海风格常用的地面装饰材料。使用釉面砖拼贴的黑白棋盘格也广泛受到巴尔干半岛居民的喜爱，带有浓厚的地方风俗特色，黑白棋盘格地砖可以让一切繁复变得规整、复古、绚丽，又兼具高级的力量感（图3-5-17、图3-5-18）。

图3-5-17 赤陶砖是地中海风格常用的地面装饰材料

图3-5-18 使用釉面砖拼贴的黑白棋盘格带有浓厚的地方风俗特色

3.铁艺

在古希腊时期，随着早期社会工业和农业的不断进步，凭借着优越的地理位置和富饶的自然资源，铸铁业逐渐发展起来。地中海居民将其锻打成各种优美的弧形曲线，并粉刷不同的涂料，铸造成各式精巧的构件或物品应用到建筑室内外和日常生活中。通常有铸铁的窗户护栏、铁艺栏杆、铁艺家具及各种铁艺装饰物品。铁艺品置于室内空间中特别能突出建筑内外浑圆的造型和粗糙的质感，让室内尽显古朴风味的同时又不乏出彩的细节（图3-5-19）。

图3-5-19 铁艺品置于空间中能让室内尽显古朴风味的同时又不乏出彩的细节

图3-5-20 地中海风格家具的蓝白色组合搭配出明亮、清新的视觉感和浪漫的异域风情

图3-5-21 竹藤和布艺结合的家具体现出地中海风格的朴素，展现出自由浪漫的人文精神和田园情怀

五、地中海风格的家具要素

地中海风格家具具有明显的古埃及、古希腊家具的特质，形态上沿用了优美的线条，线条简单且浑圆。家具在色彩上以本色呈现为宗旨，保留其古旧的色泽，大多以低彩度的暖色调或深色为主，主要有土黄色、棕褐色、土红色、水洗白等色彩，给人的视觉感受是古老而朴素。在材质上大多以原木木材为主。铁艺家具也是地中海风格独特的美学产物，兼具复古情怀；由于手工艺术的盛行，竹藤家具在地中海地区也占有很大的比重。另一个明显的特征是家具上的做旧处理，这种处理方式除了流露出古典家具的质感以外，更能展现出家具在碧海晴天之下被海风吹蚀的自然印迹（图3-5-20～图3-5-24）。

图3-5-22　地中海风格家具在色彩上以本色呈现为宗旨，保留其古旧的色泽，给人古老而朴素的视觉感受

图3-5-23　地中海风格家具具有明显的古埃及、古希腊家具的特质

图3-5-24　铁艺家具、竹藤家具是地中海风格独特的美学产物

任务六 欧式田园风格

> 教学目标：掌握欧式田园风格的特征；掌握欧式田园风格的色彩运用；掌握欧式田园风格常见装饰用材；能够准确判断设计风格，能够依据设计定位、空间使用性质及需求，在设计中准确把控设计风格。
>
> 教学重点：欧式田园风格的特征；欧式田园风格的色彩运用；欧式田园风格常见装饰用材。

【专业知识学习】

欧式田园风格提倡"回归自然"，在室内环境中力求表现朴实、亲切、悠闲、自然的田园生活情趣。欧式田园风格设计在造型方面的主要特点是曲线趣味、非对称法则、色彩柔和艳丽、崇尚自然等。欧式田园风格在重视表现自然的同时，又强调了浪漫与现代流行主义的特点。其最具代表性的是英式和法式两种田园风格。

一、欧式田园风格的特征

欧式田园风格崇尚自然，美学上推崇"自然美"，设计上力求表现朴实、亲切、悠闲、自然的田园生活情趣。既有欧式风格的形态特征和元素，又有着田园的淡泊风情。装饰装修用料崇尚自然，经常使用砖、陶、木、石、藤、竹等天然材料，空间装饰常运用壁纸、布艺沙发、实木栏杆、铁艺制品等元素。在欧式田园风格里，粗糙和破损是允许的，做旧家具的运用能更好地突出质朴感，并再现岁月情怀。欧式田园风格中会经常用到混搭的设计手法，会用到不同时期的物件，也反映出对生活的感悟。越混搭，田园感觉越自然，越真实（图3-6-1）。

二、欧式田园风格的色彩运用

欧式田园风格在整体色彩运用上大多是选用一些接近自然色彩的颜色，整体搭配需带给人们亲近自然的感觉，不仅要带来视觉上的通透感，也应带有浓郁的田园感。原木色、白色、绿色、蓝色等都是不错的选择，都可以突显田园的感觉。整体空间的设计以明媚的色彩为主要色调（图3-6-2～图3-6-6）。

图3-6-1 欧式田园风格既有欧式风格的形态特征和元素,又有着田园的淡泊风情

图3-6-2 欧式田园风格的色彩1

图3-6-3 欧式田园风格的色彩2

图3-6-4 欧式田园风格的色彩3

图3-6-5 欧式田园风格的色彩4

图3-6-6 欧式田园风格的色彩5

三、欧式田园风格常见装饰用材

欧式田园风格在装饰选材上大多会选择接近自然的材料，如天然石材、木材、棉麻、藤编等纯天然装饰建材。主张展示出材料本身的质感与纹理，借以表现悠闲、质朴、舒畅的室内氛围。原木为田园风格的最基本元素，也是首选材料，因为原木更能带给人一种亲近感。布艺材质多以棉麻为主，可以更好体现淳朴自然的美感。藤器家居品源于自然的材质，纵横交错的编织感能表现出朴实、自然的气息（图3-6-7～图3-6-11）。

图3-6-7　欧式田园风格装饰用材1

图3-6-9　欧式田园风格装饰用材3

图3-6-8　欧式田园风格装饰用材2

图3-6-10　欧式田园风格装饰用材4

图3-6-11　欧式田园风格装饰用材5

模块四 空间规划与布局设计

任务一 客厅的空间规划与布局设计

> 教学目标：掌握客厅空间的尺度要求及常用家具的尺寸，掌握玄关、会客厅的空间规划理论与设计方法；能够依据户型原始平面图，科学合理地规划空间，完成客厅的空间规划与布局设计，绘制客厅平面布置图。
>
> 教学重点：门厅（玄关）的空间规划；会客厅的空间规划。

【专业知识学习】

一、客厅的空间尺度要求

客厅是家庭成员聚会、交流、休闲的主要活动空间，因此客厅内的空间行为区域划分要科学合理，在满足客厅主要功能的前提下，应避免功能区域与通道间的相互干扰。客厅中各种行为活动所需的空间尺寸，如图4-1-1～图4-1-4所示。

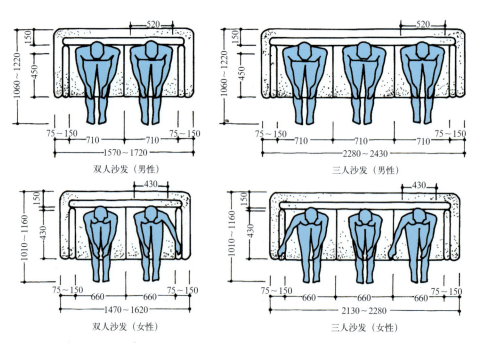

图4-1-1　客厅沙发尺寸（单位：mm）

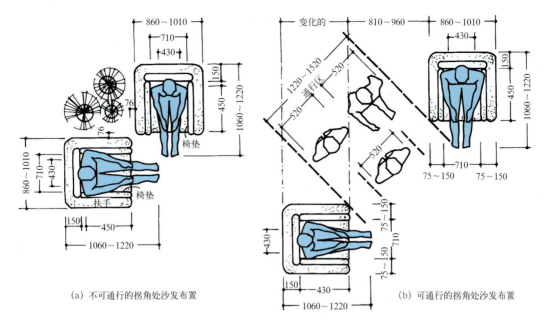

图4-1-2　拐角处沙发布置（单位：mm）

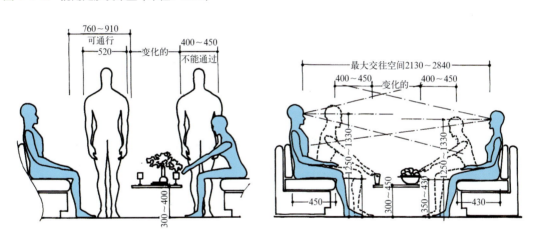

图4-1-3　沙发与茶几间的通行及活动尺寸（单位：mm）

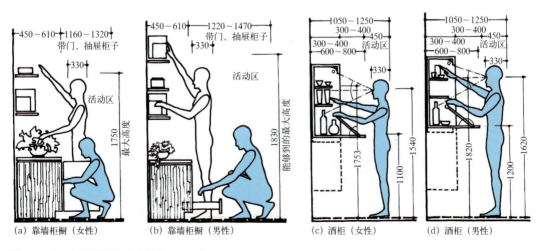

图4-1-4　客厅柜橱尺寸（单位：mm）

二、门厅（玄关）的空间规划

门厅也叫玄关，是户型的门面，是入户的过渡空间，为进入室内其他空间做铺垫，引导过渡进入其他空间。设置玄关的作用一是为了增加私密性，遮挡视线，避免客人一进门就对整个室内一览无遗；二是为了装饰，玄关是从外界进入家庭的最初空间，玄关设计是整体设计思想的浓缩，它在房间装饰中起到画龙点睛的作用，往往要使人一进门就有眼前一亮的感觉；三是为了方便脱衣、换鞋、挂帽，玄关兼具换鞋和放置一些生活用品的作用，一般配有衣柜和鞋柜。玄关一般有以下几种常见类型。

1. 前挡式玄关

正对着入口有一面墙体，利用这面墙体围合空间形成的玄关即前挡式玄关，一般对这面墙进行装饰即可（图4-1-5～图4-1-8）。

2. 通道式玄关

入口进来后是一个通道的玄关即通道式玄关，一般对通道两侧的墙面进行装饰。常见的设计方法是在通道上布置衣帽柜，既可增加收纳空间，又可起到装饰效果（图4-1-9～图4-1-12）。

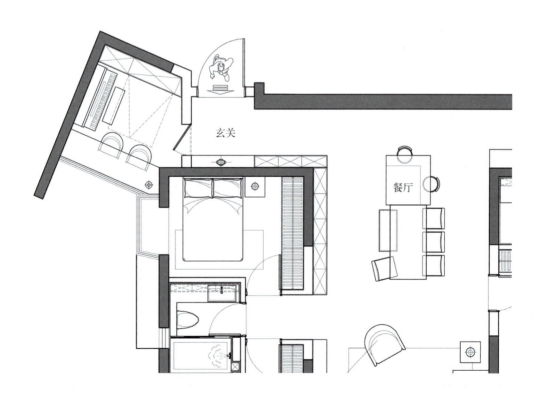

图4-1-5　前挡式玄关平面图（局部）示例1

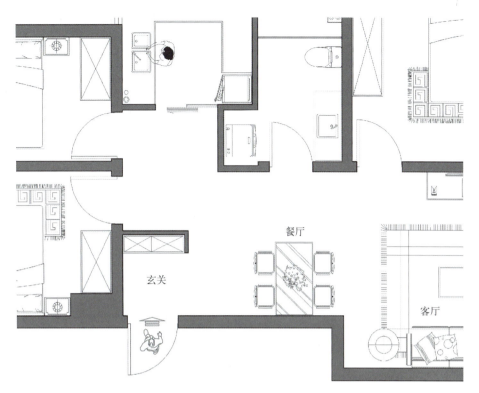

图4-1-6　前挡式玄关平面图（局部）示例2

图4-1-7　前挡式玄关设计1

模块四　空间规划与布局设计

图 4-1-8　前挡式玄关设计 2

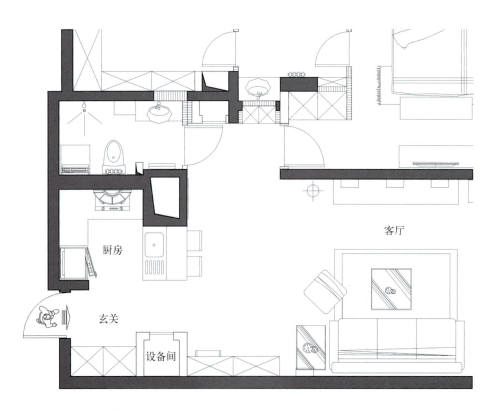

图 4-1-9　通道式玄关平面图（局部）示例 1

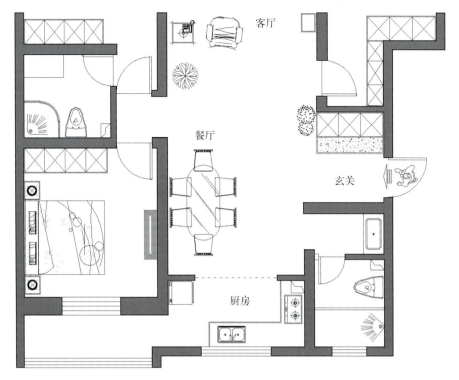

图 4-1-10　通道式玄关平面图（局部）示例 2

图 4-1-11　通道式玄关设计 1

图 4-1-12　通道式玄关设计 2

3. 大开式玄关

入口进来后是一个较大的客厅，站在入口处就可以清楚地看到整个客厅大空间，这就是大开式玄关。这种情况需要根据实际设计隔断，创造一个玄关空间，避免陌生人站在门口就一眼看清居室布局。一般可以靠某一面墙设计一个虚体隔断，使内部空间若隐若现，或者不做任何隔断，将鞋柜设置在靠门的墙面上（图 4-1-13 ～图 4-1-15）。

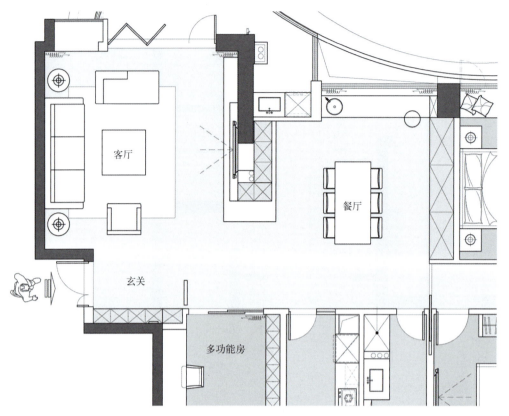

图4-1-13 大开式玄平面图（局部）示例

图4-1-14 大开式玄关设计1

图4-1-15 大开式玄关设计2

在玄关空间不合理或者不能满足需要的情况下，可通过墙体的拆改设计形成所需的空间格局。图4-1-16为某住宅玄关空间改造的案例。改造后的玄关作为一个过渡空间的效果更加明显，玄关空间增大，储物空间更充足，换鞋、换衣更方便，在私密性得以保证的情况下，视觉效果更加开阔，装饰效果的设计处理也能得到更充分的发挥。

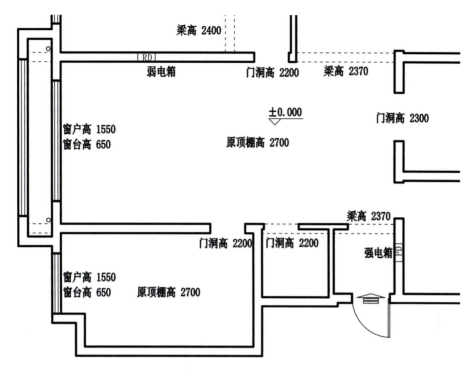

(a)户型原始平面图(局部)——改造前

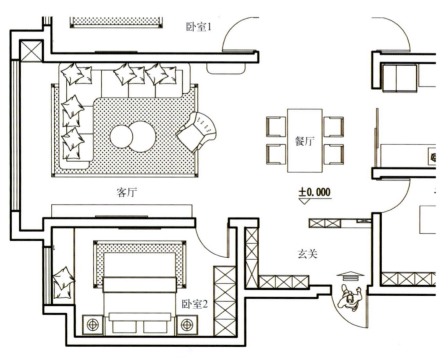

(b)装饰设计平面布置图(局部)——改造后

图4-1-16 某住宅玄关空间改造案例

三、客厅的空间规划

1. 空间的布局与动线设计

客厅是户型的中枢，相当于交通枢纽，起着联系卧室、厨房、卫浴间、阳台等空间的作用。它的主要功能是满足家庭公共活动需求，是家庭生活聚集的中心。

客厅空间规划的要点是以宽敞为原则，通道的布局非常关键，既要保证各空间转换的便利，又要保证面积的有效使用，要通过家具的合理摆放有效利用空间。通常就中国人的生活习惯来说，主要考虑沙发、茶几、椅子及视听设备等的布置。

(1) 动线设计

客厅作为户型的中枢，合理的动线设计至关重要。动线是人在家里活动时需要经过的路径。动线是由两部分构成的，第一部分是房子内的各种固定构造物及家居摆设，第二部分就是人的活动路径。这两者会由于不同的规划设计而相互影响，需要统筹考虑。买房时挑选的户型决定了空间的基本动线，装修设计时还可以通过墙体拆改、家具布置对动线进行调整和规划。动线越短，处理生活日常事务的效率就越高，舒适性就越强。要根据家人的生活习惯、常规移动路径合理规划动线，让空间满足一家人的需求。

(2) 电视和沙发背景墙的位置选择

在进行客厅空间规划设计时，还需要考虑电视背景墙和沙发背景墙的位置。沙发的位置设置主要考虑是否便于观察入口人员进出，还有墙面宽度是否合适摆放沙发。

客厅常见的平面布置形式如图4-1-17～图4-1-20所示。

1 餐厅　5 储物间
2 客厅　6 主卧室
3 阳台　7 次卧室
4 厨房　8 卫生间

图4-1-17　常见的客厅平面布置形式1
（注：①入口空间有限可以不设玄关；②客厅与餐厅做一体式布置，客厅与餐厅之间由通道分隔空间；③电视背景墙与沙发背景墙长度相差不大，不受空间影响，可以自由选择两侧方向陈设）

1 玄关　　4 卫生间　　7 主卧室
2 餐厅、客厅　5 次卧室
3 阳台　　6 厨房

图 4-1-18　常见的客厅平面布置形式 2

（注：①客厅与餐厅做一体式布置，紧密相连不做分隔；②电视背景墙与沙发背景墙长度相差较大，因此将东侧短墙面作为电视背景墙）

1 厨房　　　3 主卧室　　5 卫生间
2 餐厅、客厅　4 次卧室

图 4-1-19　常见的客厅平面布置形式 3

（注：①客厅与餐厅相结合，通过开放性、穿透性的处理手法让客厅的穿透性及延展性更强；②受客厅东侧窗户的影响，将客厅电视放置在南侧墙面，沙发面向南侧，侧面采光也较为舒适）

1 玄关　　　3 阳台　　　5 厨房　　　7 卫生间
2 餐厅、客厅　4 卧室　　　6 卧室

图 4-1-20　常见的客厅平面布置形式 4

图 4-1-21 为某住宅客厅空间改造，通过墙体的拆改形成所需的空间格局，将书房与客厅相结合，融为一体，通过开放性、穿透性的处理手法让客厅的开阔性及延展性更强。客厅加入开放的阅读空间，让空间更有机动性。

2. 家具的布置

客厅家具布置的主体是沙发与茶几的组合布置，其布置形式直接影响着空间的分隔和动线的组织，需统筹考虑。常见的组合布置形式主要有"面对面型、一字型、L型、U型"四种。

(1) 面对面型组合布置

面对面型的特点是灵活性较大，适用于各种面积的客厅。在视听方面较为不方便，需要人扭动头部进行观看，影响观感。

(2) 一字型组合布置

一字型组合布置的特点是更适合小户型的客厅使用，小巧舒适，整体元素比较简单。

(3) L型组合布置

L型组合布置的特点是更适合大面积的客厅使用，组合方式更加灵活，具有多变性。

(4) U型组合布置

U型组合布置的特点是占地面积较大，更适合大面积的客厅，团坐的布置方式让家庭氛围更加亲近。

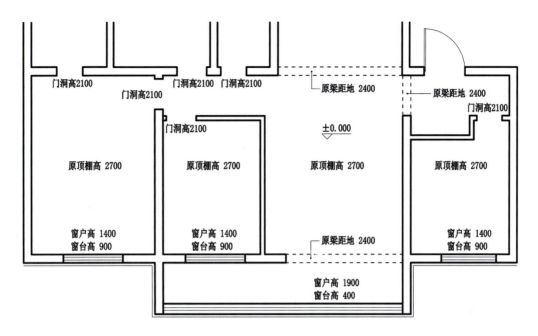

(a)户型原始平面图(局部)——改造前

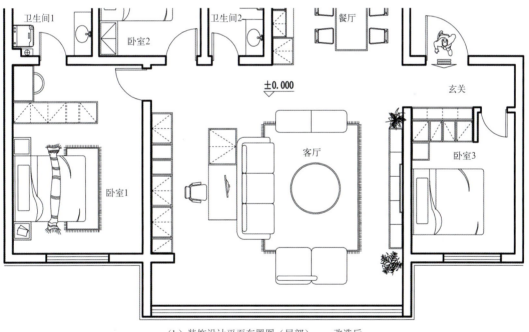

(b)装饰设计平面布置图(局部)——改造后

图4-1-21 某住宅客厅空间改造案例

客厅空间的长度决定沙发的布置,常见的有"3+2+1""3+2""3+1"等形式。以上数字指的是沙发的座位数,例如"3+2"形式,指的是一个3人座沙发配一个2人座沙发。

常见的沙发与茶几组合布置方式如图4-1-22～图4-1-25所示。

模块四 空间规划与布局设计 | 113

 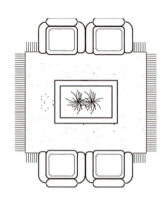

图4-1-22 面对面型组合布置

图4-1-23 一字型组合布置

图4-1-24 L型组合布置

图4-1-25 U型组合布置

3.空间的分隔

客厅的功能众多,具有综合性的特点,在空间的分隔上较多采用象征性分隔、弹性分隔等方式。可利用家具、装饰隔断、活动卷帘、灯光、绿化、不同界面造型和材质分隔空间,使空间相互渗透、相互贯穿。这种空间组织上的灵活性可以丰富空间层次,形成有连续性的、"隔而不断"的空间(图4-1-26～图4-1-29)。

图4-1-26　利用不同功能家具的摆放将会客区与阅读区进行范围的限定,起到分隔功能区域的作用

图4-1-27　在客厅面积比较大的情况下,可以利用隔断或者其他落地陈设进行空间分隔

图 4-1-28 利用不同的墙面陈设分隔空间

图 4-1-29 通过墙面、顶棚在造型、材质、色彩、灯光设计上的不同区分出视听区与休息区

任务实操训练 ▶▶▶

一、任务内容

以某住宅装饰装修项目为例（见附录），根据提供的户型原始平面图，使用 CAD 软件完成客厅平面布置图的设计与绘制。

二、任务要求

① 掌握客厅平面布置图中家具的布置方式。
② 掌握客厅的空间尺度要求及常见家具的尺寸。
③ 科学合理地规划空间，按照制图规范熟练使用 CAD 软件绘制客厅平面布置图。

任务二 餐厅的空间规划与布局设计

> **教学目标**：掌握餐厅空间的尺度要求及常用家具的尺寸，掌握餐厅的空间规划理论与设计方法；能够依据户型原始平面图科学合理地规划空间，完成餐厅的空间规划与布局设计，绘制餐厅平面布置图。
> **教学重点**：餐厅的位置设置；餐厅的家具布置。

【专业知识学习】

一、餐厅的空间尺度要求

餐厅中进餐使用的桌椅及与进餐功能相关的展示和收纳家具是餐厅的主要设施，其尺寸选择的合理性对就餐行为的影响很大。同时，餐厅中家具形状和使用方式的不同也会给就餐行为带来很大的影响，如方桌和圆桌。除此以外，餐厅的设计还应考虑人的来往、服务等活动所需的空间尺寸。

餐厅常用家具尺寸及各种行为活动所需的空间尺寸如图4-2-1～图4-2-5所示。

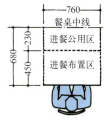

(a) 最佳进餐布置尺寸

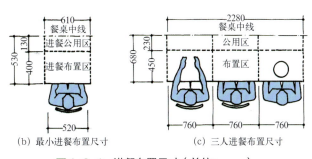

(b) 最小进餐布置尺寸　　(c) 三人进餐布置尺寸

图4-2-1　进餐布置尺寸（单位：mm）

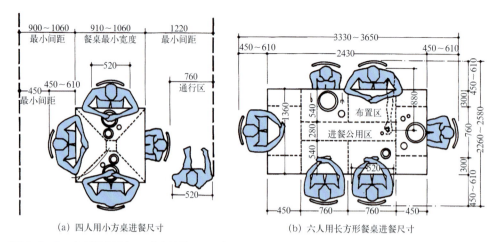

(a) 四人用小方桌进餐尺寸　　　　　(b) 六人用长方形餐桌进餐尺寸

图 4-2-2　方形餐桌进餐尺寸（单位：mm）

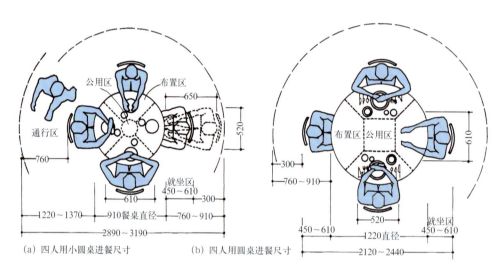

(a) 四人用小圆桌进餐尺寸　　　　(b) 四人用圆桌进餐尺寸

图 4-2-3　圆形餐桌进餐尺寸（单位：mm）

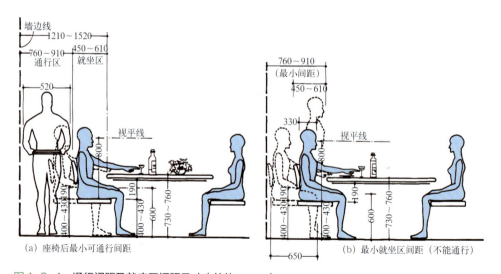

(a) 座椅后最小可通行间距　　　　　(b) 最小就坐区间距（不能通行）

图 4-2-4　通行间距及就座区间距尺寸（单位：mm）

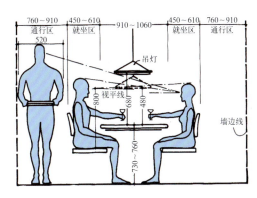

图4-2-5 最小用餐单元宽度尺寸（单位：mm）

二、餐厅的设置方式

常见的餐厅设置方式主要有三种：独立式餐厅、客厅兼餐厅、厨房兼餐厅。

1.独立式餐厅

独立式餐厅是指将一个专门的空间设置成餐厅，因为空间相对独立，所以它是较理想的格局。一般在房屋面积足够大，业主对用餐环境要求比较高，且对用餐环境追求私密性的情况下设置（图4-2-6）。

2.客厅兼餐厅

很多小户型住宅由于受面积限制，并没有独立的餐厅，一般会在玄关或起居室临近厨房的一面划分出一个区域兼做餐厅。这种设置方式由于起居室、餐厅共用一个整体大空间，所以应该特别注意避免杂乱无章，不要破坏整体空间的秩序感（图4-2-7）。

图4-2-6 独立式餐厅

图4-2-7 客厅兼餐厅

3.厨房兼餐厅

厨房兼餐厅是指餐厅与厨房结合成一体,它具有能充分利用空间、上菜便捷的优点。但要注意避免对厨房烹饪作业的干扰以及破坏就餐的气氛与环境(图4-2-8)。

图4-2-8 厨房兼餐厅

三、餐厅的位置设置与动线设计

餐厅的位置设置需要重点考虑动线设计,应遵循功能就近原则。餐厅需要靠近厨房,以方便上菜和收拾整理餐具。一般将餐厅的位置设在厨房与客厅之间是最合理的,这样可以使交通路线便捷。不同的餐厅位置设置如图4-2-9～图4-2-11所示。

图4-2-9 餐厅的位置设置1

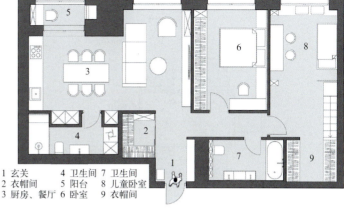

1 玄关　2 餐厅　3 客厅　4 厨房　5 卫生间　6 次卧室
7 阳台　8 主卧室　9 卫生间　10 书房

1 玄关　　　4 卫生间　　7 卫生间
2 衣帽间　　5 阳台　　　8 儿童卧室
3 厨房、餐厅 6 卧室　　　9 衣帽间

图 4-2-10　餐厅的位置设置 2　　　　图 4-2-11　餐厅的位置设置 3

四、餐厅的家具布置

餐厅的主要家具为餐桌、餐椅、餐饮柜等。餐桌椅的布置是餐厅空间规划的核心，不同的布置形式会形成不同的空间分隔和交通流线，需要重点考虑的是动线设计。

1. 平行对称式布置

以餐桌为中线对称摆放，边柜等家具与餐桌椅平行摆放，空间简洁、干净。适合长方形餐厅、方形餐厅、小面积餐厅，以及中面积餐厅使用，如图 4-2-12（a）所示。

2. 平行非对称式布置

效果较个性，能够预留出更多的交通空间，彰显宽敞感，适合长方形餐厅、小面积餐厅，如图 4-2-12（b）所示。

3. 围合式布置

效果较隆重、华丽，适合长方形餐厅、方形餐厅，以及大面积餐厅，如图 4-2-12（c）所示。

4. L 直角式布置

餐桌椅放在中间位置，四周留出交通空间，柜子等家具靠一侧墙呈直角摆放，更具有设计感，适合面积较大、门窗不多的餐厅，如图 4-2-12（d）所示。

5. 一字型布置

有两种方式，一种是餐桌长边直接靠墙，餐椅仅摆放在餐桌一侧，适合长方形餐桌；另一种是餐椅摆放在餐桌的两边，餐桌一侧靠墙，适合小方形餐桌。该布置方式适合面积较小的长方形餐厅，如图 4-2-12（e）所示。

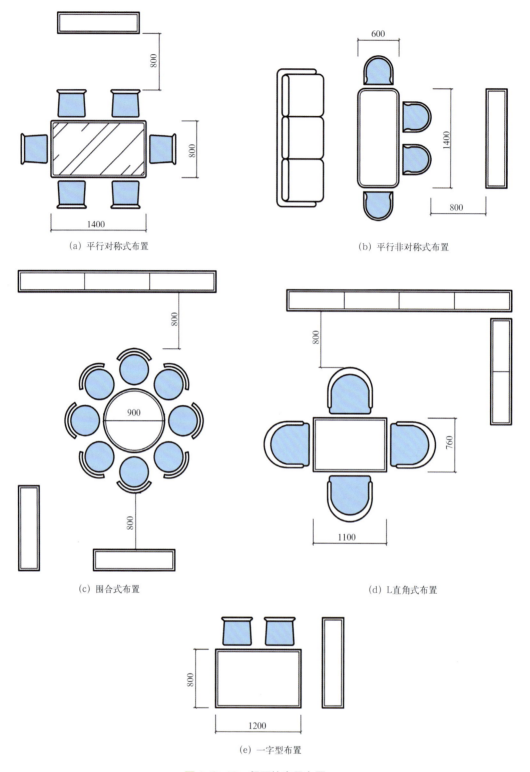

图4-2-12 餐厅的家具布置

选择餐桌椅应根据空间、面积的大小选择合适的形状、尺寸，在风格样式的选择上应注意保持与整体设计风格的统一（图4-2-13、图4-2-14）。

（a）圆形餐桌　　　　　　　　　　　　　　　　（b）方形餐桌

图4-2-13　不同样式的餐桌

（a）美式风格餐桌椅　　　　　　　　　　　　　（b）欧式风格餐桌椅

图4-2-14　不同风格的餐桌椅

图 4-2-15　用餐饮柜分隔空间　　　　　　　　　图 4-2-16　具有装饰效果的餐饮柜形成了视觉中心

除餐桌、餐椅外，餐厅还可以配上餐饮柜，起到收纳餐厅用具的作用，例如存放部分餐具、酒水饮料，以及酒杯、起盖器、餐巾纸等辅助用品。选择布置餐饮柜不仅是为了满足功能的需要，也可将其用作餐厅与其他空间的分隔或作为空间的一种装饰（图 4-2-15、图 4-2-16）。

任务实操训练 ▶▶▶

一、任务内容

以某住宅装饰装修项目为例（见附录），根据提供的户型原始平面图，使用 CAD 软件完成餐厅平面布置图的设计与绘制。

二、任务要求

① 掌握餐厅平面布置图中家具的布置方式。

② 掌握餐厅的空间尺度要求及常见家具的尺寸。

③ 科学合理地规划空间，按照制图规范熟练使用 CAD 软件绘制餐厅平面布置图。

任务三　卧室的空间规划与布局设计

> 教学目标：掌握卧室空间的尺度要求及常用家具的尺寸；掌握卧室的空间规划理论与设计方法；能够依据户型原始平面图，科学合理地规划空间，完成卧室的空间规划与布局设计，绘制卧室平面布置图。
>
> 教学重点：卧室的分类与空间特征；卧室空间规划的原则与方法；卧室家具的组合方式。

【专业知识学习】

一、卧室的空间尺度要求

　　床、床头柜、衣柜、梳妆台是卧室的主要家具，设计中应根据卧室的面积大小选择合适的尺寸。除此以外，卧室的设计也应考虑人的来往、清扫服务等活动所需的空间尺寸。

　　卧室常用家具及空间活动所需尺寸如图4-3-1～图4-3-10所示。

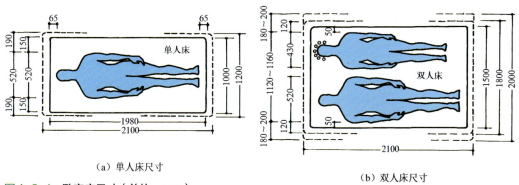

（a）单人床尺寸　　　　　　　　（b）双人床尺寸

图4-3-1　卧室床尺寸（单位：mm）

　　床在整个卧室中占据很大面积，摆放时应注意：距离床的边缘至少要预留出500～600mm的距离，方便行走（图4-3-2、图4-3-3）。

　　儿童房若只放置一张单人床，则可只在一侧预留出400～500mm的距离，节省空间面积。若为二孩儿房，需放置两张睡床，则两床之间至少要留出500mm的距离，方便两人行走（图4-3-4）。

考虑在卧室做家务时的空间活动尺寸,如图4-3-5～图4-3-8所示。

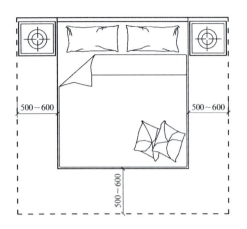

图4-3-2 床边缘的行走间距(单位:mm)

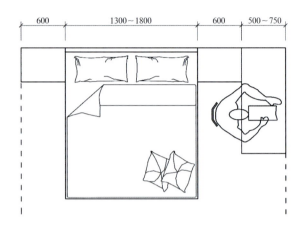

图4-3-3 床与床头柜的位置关系(单位:mm)

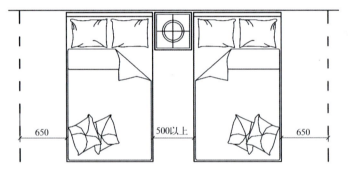

图4-3-4 儿童房放置两张睡床的布置尺寸(单位:mm)

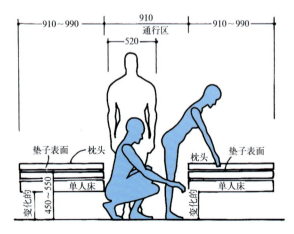

(a) 双床房间床间距　　　　　　(b) 单床房间床与墙的间距

图4-3-5 床间距尺寸(单位:mm)

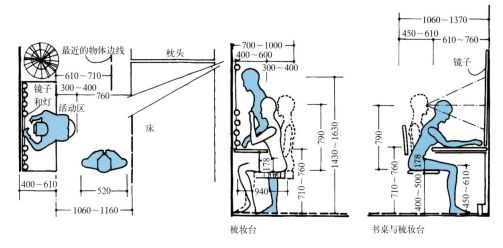

(a) 床与梳妆台的间距　　　　　　(b) 书桌与梳妆台空间活动尺寸

图4-3-6　梳妆台空间活动尺寸（单位：mm）

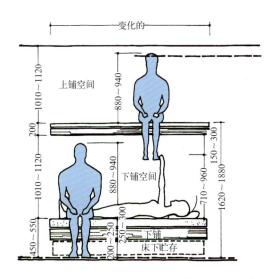

图4-3-7　成人用双层床空间尺寸（单位：mm）

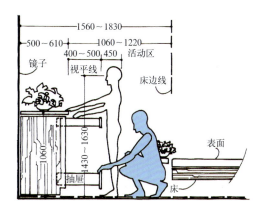

图4-3-8　小衣柜与床的间距（单位：mm）

步入式衣帽间的平面布局通常有三种方式，分别为二字型、U型、L型（图4-3-9）。相对来说，U型布局容纳的衣物更多，但是转角处的位置不方便拿取，可以设置转角式拉篮，方便收纳和取出物品。

步入式衣帽间及壁橱空间活动尺寸如图4-3-10所示。

二、卧室的功能

卧室的核心功能是睡眠功能。除具备睡眠功能外，卧室也是家人进行私密情感交流的区

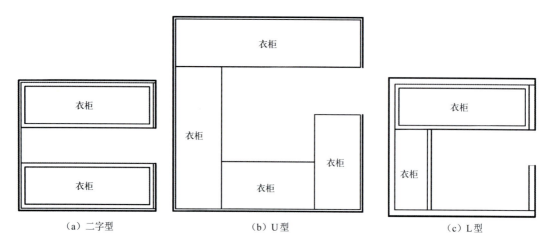

(a)二字型　　　　　　　(b)U型　　　　　　　(c)L型

图4-3-9　步入式衣帽间的平面布局

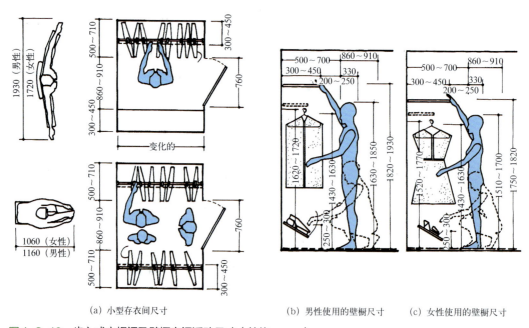

(a)小型存衣间尺寸　　　(b)男性使用的壁橱尺寸　　(c)女性使用的壁橱尺寸

图4-3-10　步入式衣帽间及壁橱空间活动尺寸（单位：mm）

域。同时，卧室还具备以下几种功能。

①　梳妆换衣功能：女性习惯在卧室内更衣化妆，卧室需要为居住者提供化妆的空间，在卧室内要布置化妆台、梳妆台等。

②　储物功能：卧室需配备足够的储藏面积，用于储存各类衣物以及被褥等。

③　阅读功能：卧室兼有读写的功能。

④　视听功能：一般卧室会设有电视影音设备等。

三、卧室的分类与空间特征

卧室因居住对象的不同,通常分为主卧室和次卧室两大类。而次卧室又分为子女卧室、老人卧室和客人卧室等。

1. 主卧室

主卧室是住宅主人的私人房间,具有高度的私密性和安全感要求。主卧室要满足睡眠、休息、更衣、梳妆、储藏等多种功能要求。一般面积较大户型的主卧室会配有专用卫生间,还具有盥洗功能。

睡眠区域是卧室的主要功能区,其布局以床为中心,其他家具配合床进行布置。一般家庭的主卧室都会布置双人床。双人床的布置尽可能使其三面临空,便于上下床、穿衣和整理被褥等活动。由于一个人正身直立通行需要的宽度为520mm,因此,床的边缘与墙或其他障碍物之间的距离应至少保持在500mm以上。在受限制的时候,其距离最少也要大于350mm,以保证人能侧身通过。床的尺寸没有完全统一的标准,一般常采用1500 mm×2000mm和1800mm×2000mm的双人床较为适宜(图4-3-11、图4-3-12)。

(a) 透视效果图1

(b) 透视效果图2

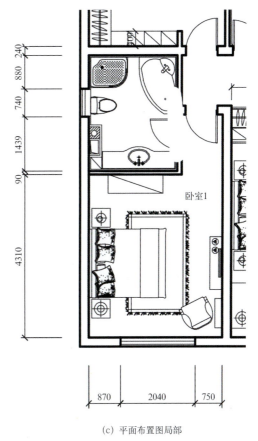

(c) 平面布置图局部

图4-3-11　常见的主卧室布置形式1

（a）透视效果图1

（b）透视效果图2

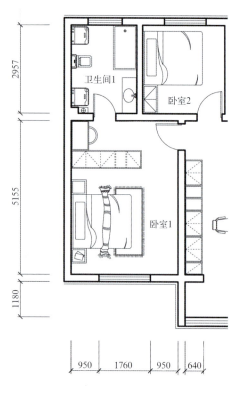

（c）平面布置图局部

图4-3-12　常见的主卧室布置形式2

卧室的储物功能主要是利用衣柜和床箱空间储藏衣物、被褥等。在面积允许的条件下，可在主卧室内单独设置步入式更衣间（图4-3-13～图4-3-15）。

图4-3-13　卧室内一般衣柜

图4-3-14　卧室内隐蔽式衣柜

图4-3-15 步入式更衣间

2.子女卧室

子女卧室与主卧室最大的区别在于设计上要保持一定程度的灵活性,要充分考虑到子女的性别、性格、年龄阶段和心理等特定因素,不能按照成年人的思维方式和兴趣爱好进行设计。一般来说,子女卧室大致可以分为三种:儿童期卧室、少年期卧室和青年期卧室。

(1) 儿童期卧室

儿童泛指7～12岁的孩子。他们富有幻想和好奇心,活泼好动。为这个阶段的孩子设计卧室,除了要有睡眠区以外,还要有自然采光、通风良好的学习空间及放置衣物和玩具的储藏空间。家具总体量不宜过多,应留出较为宽敞供儿童玩耍的嬉戏空间(图4-3-16)。

图4-3-16 活动区域较大的儿童房

选择家具时，应充分考虑生长期中孩子的人体工程学尺寸，照顾儿童的年龄和体型特征，可以根据儿童的不同性别与兴趣特点，定制不同的家具设施。由于儿童自理能力较弱，生理行为的防护意识较差，因此儿童卧室的家具造型应圆润，床体应设计防护栏板，防止儿童发生意外伤害。根据儿童的审美特点，儿童期卧室的颜色应以明度较高和活泼的色彩为主，造型可以富有创意，以促进儿童形成积极向上的心态，让孩子的想象力和创造力得到开发（图4-3-17～图4-3-20）。

图4-3-17　儿童期卧室空间布置1

图4-3-18　儿童期卧室空间布置2

图4-3-19　儿童期卧室空间布置3

图4-3-20　儿童期卧室空间布置4

（2）少年期卧室

少年泛指12～18岁，处在初中、高中阶段的孩子。少年期卧室的设计必须兼顾学习与休闲的双重功能。少年时期，孩子在生理和心理上渐趋成熟，有自己的独立思想，开始重视男女之间的性别差异，重视自己的隐私，同时又非常愿意表现自己的个人风格与个性，对自己的卧室设计已经有了一定的主见。

因此，在少年期卧室设计中，首先应满足孩子对隐私的要求，给孩子一个独立的空间；其次，设计要突出个性，可根据年龄、性别、性格的不同，在满足房间基本功能的基础上，多给孩子留下一些创造空间，使孩子能按照自己的意愿布置房间，充分表现自己的创造能力；再次，根据少年期孩子身体发育快的特点，对桌椅等家具的选择及活动空间的设计要注意留有可调整的余地（图4-3-21～图4-3-24）。

图4-3-21　少年期卧室空间布置1

图4-3-22　少年期卧室空间布置2

图4-3-23　少年期卧室空间布置3

图4-3-24　少年期卧室空间布置4

(3) 青年期卧室

青年泛指年满18岁的成年人。青年期卧室的布置宜充分显示其学业与职业特点，在青年人的卧室设计中应遵循青年人本身的性格因素、兴趣爱好和职业特点，充分发挥青年人对时尚文化和生活情趣的认识，创造具有个性的表现形式，满足休闲与工作学习的双重需要（图4-3-25、图4-3-26）。

图4-3-25　男青年卧室空间布置

图4-3-26　女青年卧室空间布置

3.老年人卧室

老年人卧室的布置格局应以他们的身体条件为依据，一般以南向为佳，要求通风良好，但应避免通风对流过强。由于老年人有晚间起夜的习惯，因此老年人卧室的位置距卫生间的距离不宜过远。

老年人卧室的设施、家具布置要较为宽敞，要充分考虑老年人起卧方便的要求，交通动线要简洁，减少障碍，家具尽量集中或靠墙布置，以便于顺畅通行。如果家中有行动不便的老人，还应考虑轮椅的通行空间。家具选择要注意安全性，家具造型不宜复杂，以简洁实用为主，便于取用物品（图4-3-27）。

4.客人卧室

客人卧室是家庭条件较好、生活水平较高的住宅中供客人居住、休息的房间。最主要的特点是通用性强，无特别指明的适用对象。这种卧室既可以作为家政服务人员的休息室，又可以作为临时来客的卧室。

图4-3-27　老年人卧室空间布置

客人卧室的装修可适当简洁一些，不求过多的装饰。除了床以外，可设置必要的储藏功能家具，如衣柜、床头柜等。

四、卧室空间规划的原则与方法

卧室空间规划应遵循以下原则与方法。

① 卧室的布局以床为中心，其他家具配合床进行布置，在设计时应首先确定床的类型与位置。各种卧室家具要靠墙摆放，这样能给卧室活动留有较大的空间。

② 卧室双人床的布置尽可能使其三面临空，以保证从两边都方便上下床。

③ 床头不宜正对房门。若床头对着房门口，一方面从心理上会令人感到不安；另一方面从外面就可直接看到床上情况，使卧室毫无私密性可言。

④ 床不宜摆在窗前，尤其床头不要放在窗户下面。因为窗户是一个气流和光线最强的地方，对睡眠影响很大，会让人产生不安全感。如遇大风、雷雨天气，这种感觉更加强烈。另外，窗户是通风的地方，如果床头放在窗户下面，人们在睡眠时稍有不慎就会感冒。

⑤ 床头后忌有空隙。床头需紧贴着墙或实物，不可有空隙。

⑥ 衣柜最好摆放在墙角，这样不引人注目；不宜摆放在窗户或卧室门旁边，因为这样会遮挡光线。

⑦ 一般来说，床位的摆放宜与衣柜门平行，这样可以方便取放衣物。

⑧ 一些带卫生间的卧室，如果卫生间门正对床铺，可以利用衣柜进行阻隔。卫生间的下水管、马桶的空气不洁净，加上过重的潮气，容易使人们的健康受到影响。用衣柜进行阻隔，有利于人们的身心健康（图4-3-28～图4-3-32）。

（a）理想的卧室空间布置

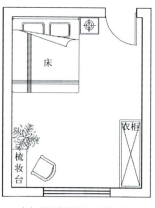
（b）较理想的卧室空间布置

（c）不理想的卧室空间布置

图4-3-28　卧室的空间布置

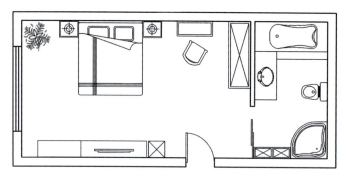

图4-3-29　常见的卧室布置形式1

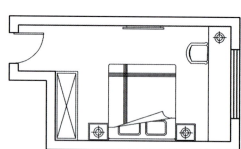

图4-3-30　常见的卧室布置形式2

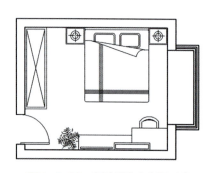

图4-3-31　常见的卧室布置形式3

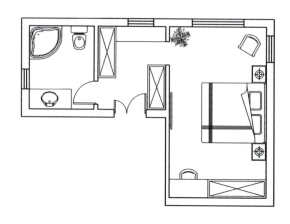

图4-3-32　常见的卧室布置形式4

五、卧室家具的组合方式

1.围合式组合

床与柜子侧面或正面平行,适合用于长方形卧室、方形卧室、小面积卧室及中面积卧室(图4-3-33)。

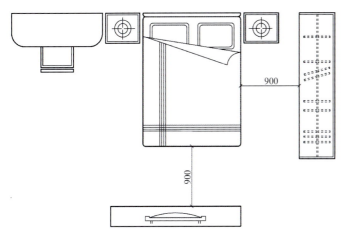

图4-3-33　卧室家具的围合式组合

2.C字型组合

能充分地利用空间,满足单人的生活、学习需要。适合用在青少年、单身人士房间或兼做书房的房间内,通常使用在长方形卧室、方形卧室及小面积卧室中(图4-3-34)。

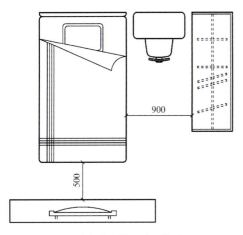

图4-3-34　卧室家具的C字型组合

3.工字型组合

床两侧摆放床头柜、学习桌或梳妆台;衣柜或收纳柜摆放在床头对面的墙壁一侧,与床头平行。适合用于长方形卧室、方形卧室、小面积卧室及中面积卧室(图4-3-35)。

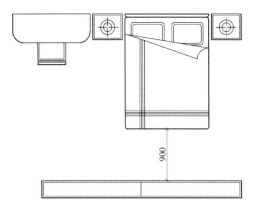

图 4-3-35　卧室家具的工字型组合

4.混合式组合

根据需求可以加入衣帽间、书房等区域,适合用于长方形卧室及大面积卧室(图4-3-36)。

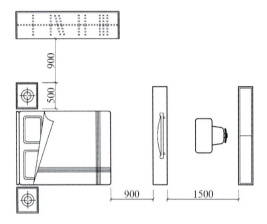

图 4-3-36　卧室家具的混合式组合

任务实操训练 ▶▶▶

一、任务内容

以某住宅装饰装修项目为例(见附录),根据提供的户型原始平面图,使用 CAD 软件完成卧室平面布置图的设计与绘制。

二、任务要求

① 掌握卧室平面布置图中家具的布置方式。
② 掌握卧室的空间尺度要求及常见家具的尺寸。
③ 科学合理地规划空间,按照制图规范,熟练使用 CAD 软件绘制卧室平面布置图。

任务四　书房的空间规划与布局设计

> **教学目标**：掌握书房空间的尺度要求及常用家具的尺寸；掌握书房的空间规划理论与设计方法；能够依据户型原始平面图科学合理地规划空间，完成书房的空间规划与布局设计，绘制书房平面布置图。
>
> **教学重点**：书房的布置原则与形式；书房家具的组合方式。

【专业知识学习】

一、书房的空间尺度要求

1. 人与桌椅的尺寸关系

人的基本活动范围决定了桌子的最小尺寸，最少需要900mm×500mm的桌子，实际设计时可以综合考虑居住者的使用需求及书房空间的尺寸，再选择合适的书桌大小。人与书桌的尺寸关系如图4-4-1所示。

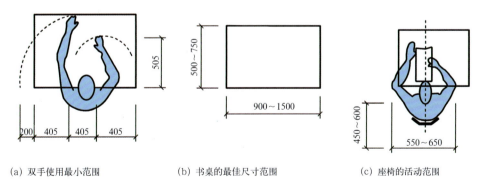

(a) 双手使用最小范围　　　(b) 书桌的最佳尺寸范围　　　(c) 座椅的活动范围

图4-4-1　人与书桌的尺寸关系（单位：mm）

2. 书房常用家具尺寸

（1）书桌的尺寸

书桌的深度宜为450mm、600mm、700mm、800mm等，推荐尺寸为600mm。

书桌的长度宜≥900mm，1500～1800mm为最佳。

书桌的高度宜为730～760mm，推荐尺寸为750mm。

(2) 书柜的尺寸

书柜的深度宜为250mm、300mm、350mm、400mm等，推荐尺寸为300～350mm。

书柜的高度宜为1800～2200mm，推荐尺寸为2000mm。

书柜的长度不限，一般根据房间大小而定，最短不宜小于900mm。

书房常用家具尺寸示意如图4-4-2～图4-4-5所示。

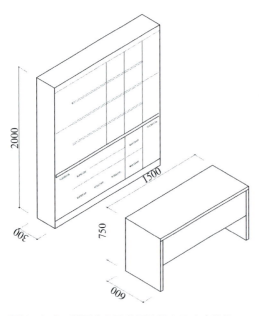

图4-4-2　常用书桌及书柜的基本尺寸（单位：mm）

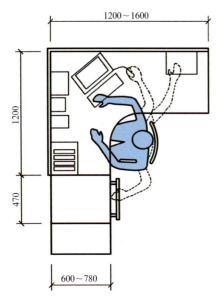

图4-4-3　电脑桌的常用平面尺寸（单位：mm）

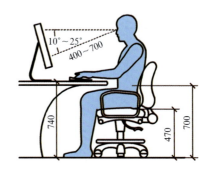

图4-4-4　电脑桌的常用立面尺寸（单位：mm）

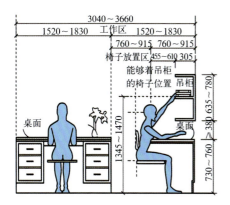

图4-4-5 设有吊柜的书桌使用尺寸（单位：mm）

3.书房行为活动所需空间尺寸

书房行为活动所需的空间尺寸如图4-4-6～图4-4-8所示。

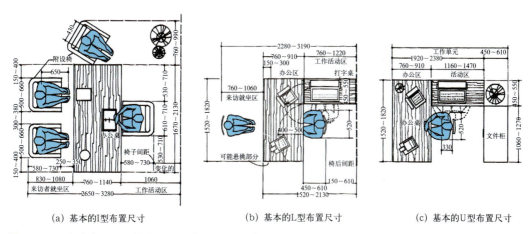

(a) 基本的I型布置尺寸　　(b) 基本的L型布置尺寸　　(c) 基本的U型布置尺寸

图4-4-6 书桌布置所需的空间尺寸（单位：mm）

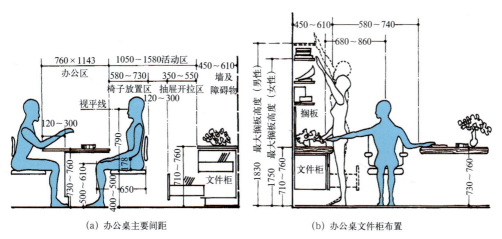

(a) 办公桌主要间距　　　　(b) 办公桌文件柜布置

图4-4-7 办公桌活动空间尺寸1（单位：mm）

模块四 空间规划与布局设计 | 141

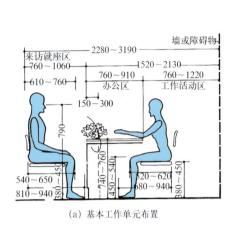

图4-4-8 办公桌活动空间尺寸2（单位：mm）

二、书房的类型

根据户型面积的不同，书房的规划大致可以分为两种类型：独立型书房和兼用型书房。

1. 独立型书房

一般而言，大户型中面积较小的房间适合被规划成独立型书房。独立型书房的位置一般靠近客厅或者靠近主卧室。靠近客厅的独立型书房一般兼具小会客厅的功能，成为居住者接待亲密朋友的空间；而靠近主卧室的独立型书房私密性很强，则应该更多考虑使用者的习惯，注重安静、避免干扰（图4-4-9）。

2. 兼用型书房

在户型面积小、没有条件规划出独立型书房的情况下，可以考虑兼用型书房的形式，即书房功能与其他空间混合使用，例如，"起居室 + 书房""卧室 + 书房"等（图4-4-10）。

图4-4-9 独立型书房

图4-4-10 兼用型书房

三、书房的空间位置选择

① 书房应该尽量占据朝向好的房间，要充分考虑良好的采光，甚至考虑观景的视觉效果，以保证书房的环境质量。书房一般设在朝北的房间为宜，因其室内温度较低，易使人的情绪冷静、头脑清醒。朝北的房间白天自然采光，没有阳光直射，光线柔和，其光线不会随时间而变化太大，不会伤害眼睛，能有效地缓解人的视觉疲劳。

② 书房与卧室同属于静的空间，通常会被设置在与卧室较近的位置。

③ 对于独立建造的别墅，选择书房位置时也要考虑室外环境与室内环境的结合。

④ 书房位置要远离厨房、储物间等家务空间，便于保持清洁和防尘，避免受家务活动的干扰。

四、书房的布置原则与形式

① 书房空间可分为工作区、交流区、储物区等部分。为了满足书房内各种活动的需要，应该根据不同家具的作用巧妙合理地划分出不同的空间区域，形成布局紧凑、主次分明的格局。

② 书房工作（阅读）区是空间功能的重点，为避免人流和交通的影响，应尽量布置在书房空间的尽端。书房工作区以书桌椅为主要家具，书桌的摆放位置与窗户位置有很大关系，一要考虑光线的角度，以侧面采光为宜，一般不会选择正对靠近窗户或背对靠近窗户摆放；二要考虑避免阳光直射造成电脑屏幕的眩光，一般书桌摆放会避免靠近窗户，因为变化极大的室外光线容易给阅读、书写带来不利的影响。

③ 书房的工作区和储物（藏书）区域的联系一定要便捷，要便于取放书籍等物品，而且储物区域要有较大的展示面，以便查阅，一般以书架的形式靠墙布置。但要注意防尘，特殊书籍还要注意避免阳光直射。书架与书桌可平行布置，也可垂直摆放，或是书桌与书架的两端、中部相连，结合为一体。具体布置形式应根据不同的空间面积大小和空间环境而定。

④ 有的书房还设置有休息和谈话的交流区，一般由沙发、茶几围合摆放而成。

⑤ 书房的布局需要根据使用者的职业和习惯而定，专业性较强的工作会直接影响书房的布局形式，如：画家需要画室，音乐家需要琴房。

常见的较理想的书房布局如图4-4-11所示，不理想的书房布局如图4-4-12所示。

五、书房家具的组合方式

书房家具通常是由桌椅与书架组成的，主要有以下几种组合方式。

① L型组合：中间预留空间较大，书桌对面可摆放沙发等休闲家具，适用于长方形书房及小面积书房中，如图4-4-13（a）所示。

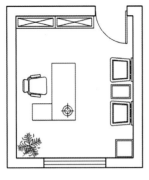 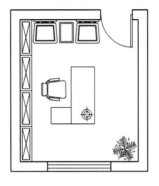 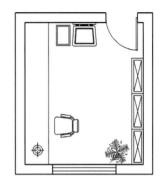

(a) 主座位背靠实墙　　　　　(b) 主座位背靠书架　　　　　(c) 主座位侧面采光

图4-4-11　较理想的书房布局

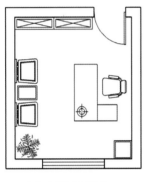 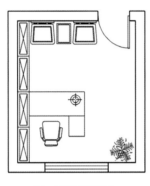 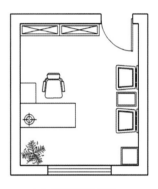

(a) 主座位正对房门　　　　　(b) 主座位背靠窗户　　　　　(c) 主座位背对房门

图4-4-12　不理想的书房布局

② 平行式组合：存在插座网络插口的设置问题，可以考虑使用地插，但位置不要设计在座位边，尽量放在脚不易碰到的地方，适用于长方形书房、小面积书房及中面积书房，如图4-4-13（b）所示。

③ T型组合：书柜放在侧面墙壁上，占满墙壁或者使之半满，适合藏书较多、开间较窄的书房，及以长方形书房和小面积书房，如图4-4-13（c）所示。

④ U型组合：使用较方便，但占地面积大，适用于长方形书房、方形书房及大面积书房，如图4-4-13（d）所示。

六、书房与其他空间的组合布置

在空间有限的情况下，书房无法作为单独的空间，但可作为主要功能空间的附带区域去布置，或者将书房作为多功能空间，一室多用，如兼具茶室等功能。

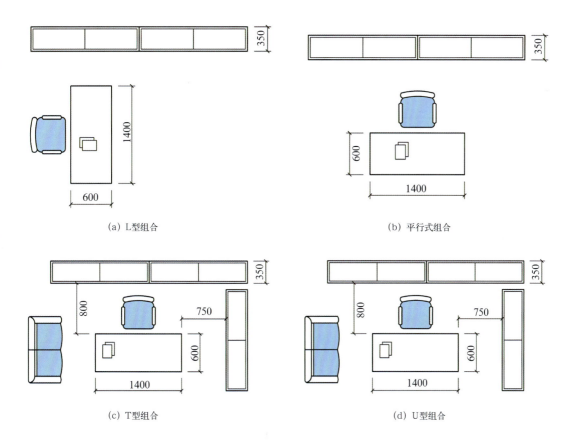

图4-4-13 书房家具的组合（单位：mm）

1. 书房与客厅组合

书房与客厅组合（图4-4-14），既能满足办公或阅读的需要，同时还能节省空间，但是客厅会稍吵一些。如果需要更安静的空间，可将书房和卧室组合使用，更加符合居住者的要求。

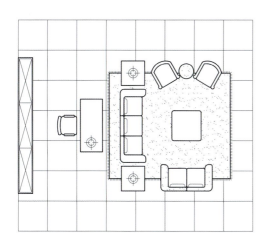

图4-4-14 书房与客厅组合平面布置

2. 书房与卧室组合

书房与卧室组合，用窗帘作为软隔断，既能有效地隔绝视线又保证了空间的通透性。同时，卧室较为安静，更适合办公等需要专注的行为（图4-4-15）。

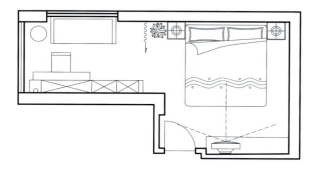

图4-4-15　书房与卧室组合平面布置

任务实操训练 ▶▶▶

一、任务内容

以某住宅装饰装修项目为例（见附录），根据提供的户型原始平面图，使用CAD软件完成书房平面布置图的设计与绘制。

二、任务要求

① 掌握书房平面布置图中家具的布置方式。
② 掌握书房的空间尺度要求及常见家具的尺寸。
③ 科学合理地规划空间，按照制图规范熟练使用CAD软件绘制书房平面布置图。

| 任务五

厨房的空间规划与布局设计

> **教学目标**：掌握厨房的空间尺度要求及常用家具的尺寸；掌握厨房的空间规划理论与设计方法；能够依据户型原始平面图，科学合理地规划空间，完成厨房的空间规划与布局设计，绘制厨房平面布置图。
>
> **教学重点**：厨房的布置原则；厨房的布局形式。

【专业知识学习】

一、厨房的空间尺度要求

橱柜、冰箱，及抽油烟机、炉具、洗菜盆等烹调器具是厨房的主要设施，其尺寸选择的合理性对烹饪操作行为的影响很大。除此以外，厨房的设计还应考虑人的来往、服务等活动所需的空间尺寸。

1.橱柜家具的尺寸

(1) 橱柜的宽度尺寸

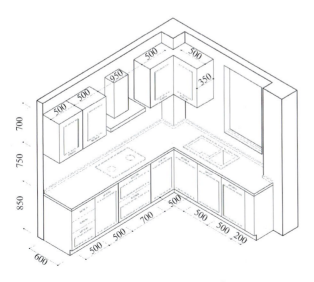

地柜的宽度尺寸宜为600mm、650mm，推荐尺寸为600mm。

吊柜的宽度尺寸宜为300mm、350mm、400mm，推荐尺寸为350mm。

(2) 橱柜的高度尺寸

地柜台面高度尺寸宜为800mm、850mm、900mm，推荐尺寸为850mm。地柜底座踢脚高度宜为100mm。

地柜台面至吊柜底面净空距离宜为750mm。

一般橱柜尺寸如图4-5-1所示。

图4-5-1 一般橱柜尺寸（单位：mm）

2.厨房常用电器及烹调器具尺寸

厨房常用电器及烹调器具常规尺寸见表4-5-1。

表4-5-1 厨房常用电器及烹调器具常规尺寸

单位：mm

设备设施名称	长度	宽度	高度	深度
冰箱（单开门）	—	550	1700	550
冰箱（双开门）	—	930	1850	750
炉具	730	430	—	150
抽油烟机	900	500	600	—
微波炉	—	500	280	320
洗菜水槽（单槽）	520	440	—	250
洗菜水槽（双槽）	840	440	—	250

3.厨房行为活动所需尺寸

（1）炉灶布置尺寸

灶台到抽油烟机之间的距离最好不要超过600mm，同时考虑做饭时的便利程度，可结合使用者身高做一些适当调整（图4-5-2）。

（2）案台布置尺寸

通常来说，若厨房面积较大，台面宽度≥600mm，则一般水槽和灶具的安装尺寸均可满

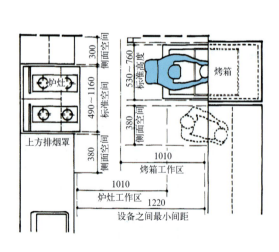

(a) 炉灶布置平面尺寸

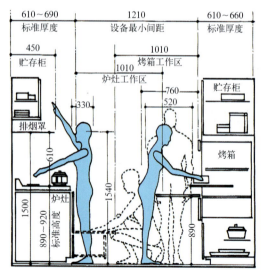

(b) 炉灶布置立面尺寸

图4-5-2 炉灶布置尺寸（单位：mm）

足,挑选余地比较大;若厨房面积较小,则台面宽度≥500mm即可。一般来说,台面适合650mm的深度(图4-5-3)。

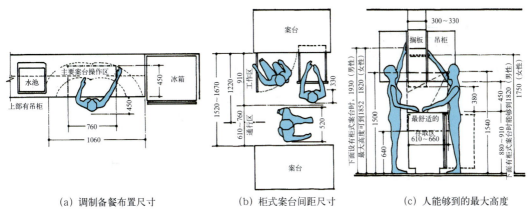

图4-5-3 厨房案台布置尺寸(单位:mm)

(3) 水池操作区布置尺寸

根据人体工程学原理及厨房操作行为特点,在条件允许的情况下可将橱柜工作区台面划分为不等高的两个区域,水槽、操作台为高区,燃气灶为低区(图4-5-4)。

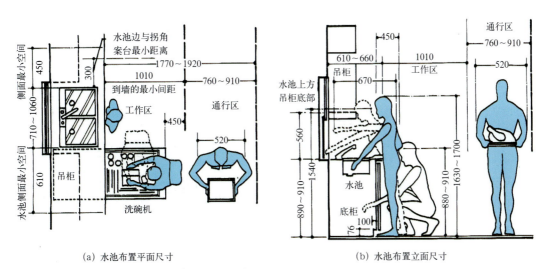

图4-5-4 水池操作区布置尺寸(单位:mm)

(4) 冰箱布置尺寸

在摆放冰箱时,要把握好工作区的尺寸,以防止转身时太窄,整个空间显得局促。冰箱两边要各留50mm,顶部留250mm,这样冰箱才能更好地散热,从而不影响正常运作(图4-5-5)。

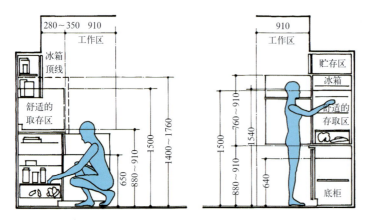

图 4-5-5 冰箱布置尺寸（单位：mm）

二、厨房的布置原则

（1）应有足够的活动空间

厨房的布置应留有足够的活动空间，满足基本炊事家务活动的需求。在厨房内，要进行食品、餐具的洗涤，食物的配切，餐具的搁置，熟食的周转，其最小空间尺度应得到相应的满足。

（2）应有足够的储物空间

从生活实际出发，现代家庭对柴米油盐等生活必需品都有一定的储备，特别是多成员的家庭，存储量一般会多些。同时，各种烹饪器皿也需要一定的存放空间。

（3）满足厨房家具、设备的安装空间

住宅厨房的家具、设备包括灶台、操作台、洗涤池、储物柜，此外还有冰箱等家电，应考虑设备安装、摆放的空间。不同品牌厂家的设备也常有尺寸差异，设计师应结合购置家电设备的实际尺寸统一考虑。

（4）应统筹考虑热水供应及管线布置

因燃气热水器、电热水器即开即用的优点和燃气管道的普及，多数家庭采用热水器作为热水供应设备。在使用安装时，应结合卫生间统一考虑布置管线，方便施工和日后使用。

（5）应符合"省力工作三角区"原则

根据效率专家的研究，操作者在厨房的三个点——水池、炉灶和冰箱之间来往最多，这三者之间的连线称为工作三角区。因为这三个功能通常要相互配合，所以要安置在最合适的距离内以节省时间、人力。这三边的长度之和宜在 3.60～6.71m 之间，过长或过短将降低厨房的作业效率。总长在 4.50～6.00m 时效率最高。基于这个原则，同时考虑到水池和炉灶间往返最频繁，距离在 1.20～1.80m 较为合理，冰箱与炉灶间距离以 1.20～2.70m 较为恰当，而冰箱与水池的距离在 1.20～2.10m 较好。此外，厨房交通道应尽量避开工作三角区，使作业线少受干扰（图 4-5-6）。

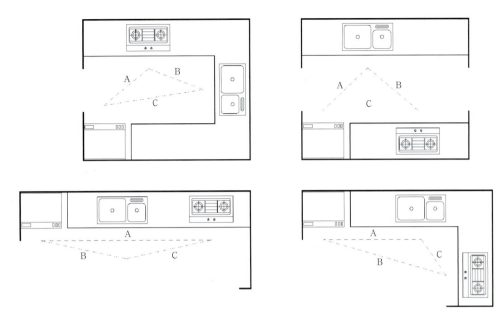

图 4-5-6　厨房省力工作三角区示意

三、厨房的布局形式

橱柜是厨房中的主要家具设施，占据厨房的大部分空间，厨房布局主要涉及的内容是橱柜的布置形式及常用电器和烹调器具的摆放位置。

1.U 型厨房布局

U 型厨房是指橱柜在厨房中以 U 型平面方式布置，适用于对活动区域要求很高且房间面积较大的厨房。U 型厨房能很好实现分区处理，可以将厨房各个不同功能都依据不同的特点安排在这个 U 型空间之内，满足"洗、切、炒、存"的合理流线安排。U 型厨房的净宽度尺寸宜大于 2200mm，净长度尺寸宜大于 2700mm，最好不要超过 3000mm，两排橱柜之间的距离在 1200～1500mm 为佳（图 4-5-7、图 4-5-8）。

图 4-5-7　U 型厨房

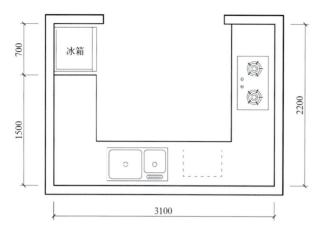

图4-5-8 U型厨房平面布局（单位：mm）

图4-5-9 L型厨房

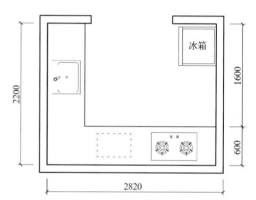

图4-5-10 L型厨房平面布局（单位：mm）

2.L型厨房布局

L型厨房是把橱柜家具和设备在两面相邻的墙上连续布置的形式。"L"型布置作业面较大，操作线短，空间利用比较合理，节省空间面积，实用便捷，是设计中最常用的形式，但是具有一定的局限性，两面墙的长度至少需要1.5m。L型厨房的净宽度尺寸宜大于1600mm，净长度尺寸宜大于2700mm。L型厨房布置应注意控制长度和宽度的比例关系，当L型厨房的墙过长时，厨房使用起来会不够紧凑，影响操作（图4-5-9、图4-5-10）。

3.一字型厨房布局

一字型厨房又称单排厨房，是指把橱柜家具沿墙长度方向单面布置。这种厨房一般面积不大，橱柜设计比较简单，只要按照工作流程设计出储藏区、准备区、烹饪区即可。采用这

图4-5-11 一字型厨房

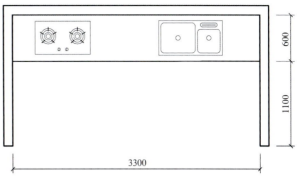

图4-5-12 一字型厨房平面布局（单位：mm）

图4-5-13 走廊式厨房

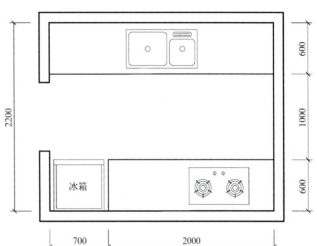

图4-5-14 走廊式厨房平面布局（单位：mm）

种布置方式时，要注意避免把"单排橱柜"设计得太长，因为过长的作业线不利于烹饪操作。单排厨房的净宽度尺寸宜大于1600mm，净长度尺寸宜大于3000mm。一字型厨房结构简单明了，节省空间面积，适合小户型家庭（图4-5-11、图4-5-12）。

4. 走廊式厨房布局

走廊式厨房又称双排厨房，是指把橱柜家具沿墙长度方向双面布置。对于狭长的厨房空间来讲，这是一种实用的布置方式，这种布局多用在有两个对门的厨房空间。两排橱柜能有效地提高存储空间，两排橱柜之间的距离不应小于900mm。走廊式厨房的净宽度尺寸宜大于2200mm，净长度尺寸宜大于2700mm。走廊式厨房布局动线比较紧凑，可以减少来回穿梭的次数（图4-5-13、图4-5-14）。

5.岛屿式厨房布局

岛屿式厨房布局空间开阔，中间设置的岛台具备更多使用功能，但是需要的空间面积较大，是开放式大厨房的理想安排形式。岛柜分离出独立的操作台面，能使房间具有延伸感。这样的处理方式很具有亲和力（图4-5-15）。

岛台是指独立的台面兼具吧台、简餐台面功能，并可以处理洗、切、备料的工作台。具有岛台配置的厨房空间采用开放式厨房布局居多，同时与餐厅空间结合，让厨房具有更大的发挥空间及互动关系。

岛台的设计需注意以下几方面内容。

① 岛台与橱柜的距离不得小于900mm，也不宜大于1200mm。

② 岛台长度尺寸至少为1500mm才能更好利用，但不宜大于2500mm。

③ 岛台深度尺寸应为800～1200mm。

④ 当岛台用来当作吧台或者餐桌时，要处理好椅子的位置，需在伸出脚时有容纳之处（图4-5-16、图4-5-17）。

图4-5-15 岛屿式厨房

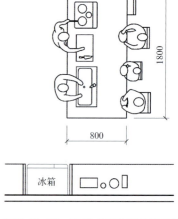

图4-5-16 岛屿式厨房平面布局1（单位：mm）

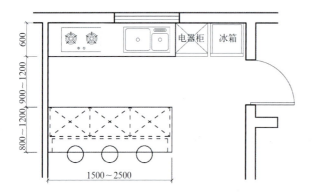

图4-5-17 岛屿式厨房平面布局2（单位：mm）

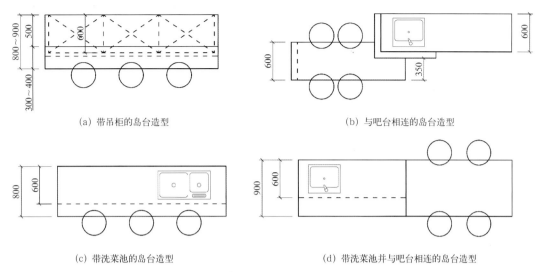

(a) 带吊柜的岛台造型　　(b) 与吧台相连的岛台造型

(c) 带洗菜池的岛台造型　　(d) 带洗菜池并与吧台相连的岛台造型

图 4-5-18　不同岛台造型的尺寸（单位：mm）

厨房的宽度及纵深会影响岛台的造型设计，根据个人使用需求及习惯，能延展出不同的岛台造型（图4-5-18）。

多功能岛台很受大众的喜爱。不同形式的橱柜与岛台共同布置的厨房空间，可以兼具部分接待的功能，使厨房具有更丰富操作空间的同时，功能性也增加了。常见的"半岛式""孤岛式"等都是基于"一字型厨房""L型厨房""走廊式厨房"等基本形式的变化组合。

① 一字型厨房＋岛台，形成回字动线，增加操作台的面积，而且转身即可拿取物品，对居住者来说方便又快捷（图4-5-19）。

② L型厨房＋岛台，能够有效地利用中间的空间，增加空间利用率（图4-5-20）。

③ 走廊式厨房＋岛台，形成U型动线，动线流畅，且增加了储物空间，拿取物品更便捷（图4-5-21）。

④ 双厨房中设置岛台，将冷食和热食分开，用玻璃拉门隔开热食区，可有效隔离油烟，冷食区能够进行一些西餐类的烹饪（图4-5-22）。

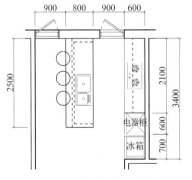

图 4-5-19　一字型厨房＋岛台（单位：mm）

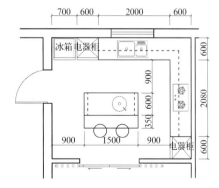

图 4-5-20　L型厨房＋岛台（单位：mm）

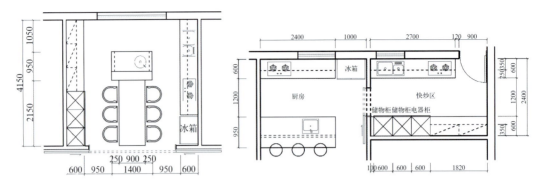

图4-5-21 走廊式橱柜+岛台（单位：mm）　　图4-5-22 双厨房中设置岛台（单位：mm）

任务实操训练 ▶▶▶

一、任务内容

以某住宅装饰装修项目为例（见附录），根据提供的户型原始平面图，使用CAD软件完成厨房平面布置图的设计与绘制。

二、任务要求

① 掌握厨房平面布置图中家具的布置方式。
② 掌握厨房的空间尺度要求及常见家具的尺寸。
③ 科学合理地规划空间，按照制图规范熟练使用CAD软件绘制厨房平面布置图。

任务六　卫生间的空间规划与布局设计

> **教学目标**：掌握卫生间的尺度要求及常用家具的尺寸；掌握卫生间的空间规划理论与设计方法；能够依据户型原始平面图，科学合理地规划空间，完成卫生间的空间规划与布局设计，绘制卫生间平面布置图。
>
> **教学重点**：卫生间的布置原则；卫生间的常见布局形式。

【专业知识学习】

一、卫生间的空间尺度要求

1. 卫生间家具的尺寸

（1）浴室柜的宽度尺寸

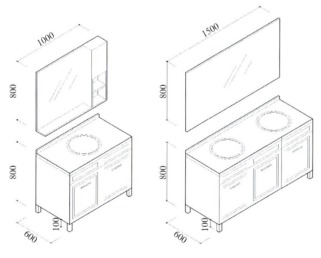

图 4-6-1　一般浴室柜的常见尺寸（单位：mm）

地柜的宽度尺寸宜为 500mm、550mm、600mm，推荐尺寸为 550mm。

吊柜的宽度尺寸宜为 300mm、350mm、400mm，推荐尺寸为 350mm。

（2）浴室柜的高度尺寸

地柜台面高度尺寸宜为 800mm、850mm，推荐尺寸为 800mm。地柜底座踢脚高度宜为 100mm。

地柜台面至吊柜底面净空距离宜为 800~850mm。

地面距离吊柜顶面高度宜为 2200mm（图 4-6-1）。

2. 卫生间常用设备及器具尺寸

卫生间常用设备及器具的常规尺寸见表 4-6-1。

表4-6-1 卫生间常用设备及器具的常规尺寸

单位：mm

设备设施名称	长度	宽度	高度	深度
坐便器	700	400	700	—
蹲便器	610	455	—	300
台上、台下面盆	600	400	—	155
立柱式面盆	750	450	850	—
电热水器（60L）	850	500	500	—
燃气热水器	350	140	550	—
滚筒式洗衣机	600	600	850	—
波轮式洗衣机	550	550	930	—

3.卫生间行为活动所需的尺寸

① 洗漱行为活动尺寸：洗漱行为主要涉及的是洗脸盆处的洗漱动作（图4-6-2、图4-6-3）。

② 如厕行为活动尺寸：坐便器前端到障碍物的距离应大于600mm，以方便站立、坐下等动作（图4-6-4）。

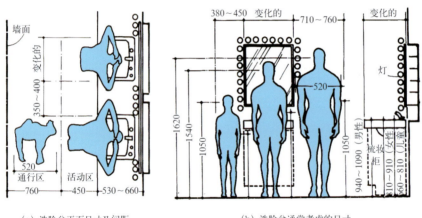

(a) 洗脸盆平面尺寸及间距　　(b) 洗脸盆通常考虑的尺寸

图4-6-2　卫生间洗漱行为活动尺寸1（单位：mm）

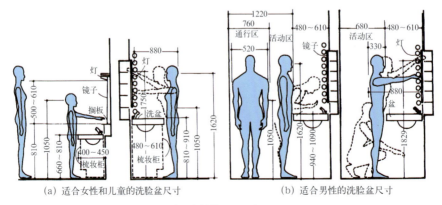

(a) 适合女性和儿童的洗脸盆尺寸　　(b) 适合男性的洗脸盆尺寸

图4-6-3　卫生间洗漱行为活动尺寸2（单位：mm）

③ 洗浴行为活动尺寸：洗浴时可以采用淋浴或者浴盆，这两种方式所需空间尺寸相差较大，设计时应该根据使用者习惯、卫生间空间大小来合理安排（图4-6-5～图4-6-7）。

④ 设备间距尺寸：卫生间中的常见设备包括洗脸台、坐便器和淋浴房等，这些设备之间或与其他设备之间也应保持适宜的距离（图4-6-8～图4-6-10）。

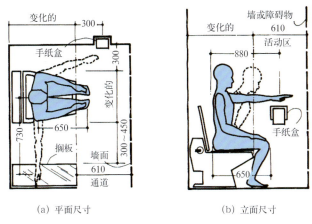

图4-6-4 如厕行为活动尺寸（单位：mm）

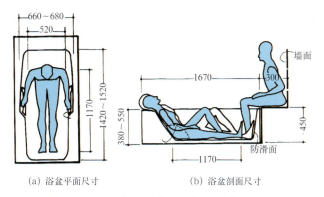

图4-6-5 浴盆平面及剖面尺寸（单位：mm）

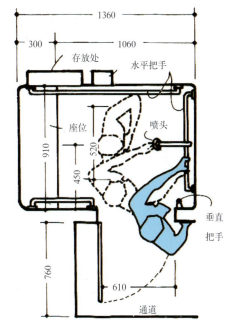

图4-6-6 淋浴间平面尺寸（单位：mm）

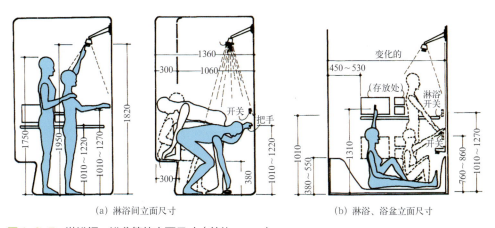

图4-6-7 淋浴间、浴盆等的立面尺寸（单位：mm）

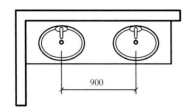
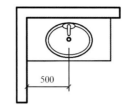
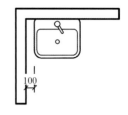

(a) 双洗脸台适宜间距　　　(b) 单洗脸台距墙适宜距离　　　(c) 立式洗脸盆距墙最小距离

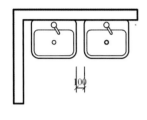
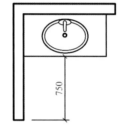
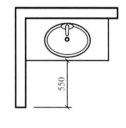

(d) 双立式洗脸盆最小间距　　(e) 单洗脸台前端活动适宜距离　　(f) 单洗脸台前端活动最小距离

图4-6-8　洗脸台布置尺寸（单位：mm）

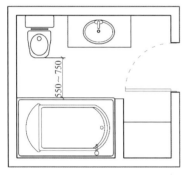

图4-6-9　坐便器与浴缸之间的距离（单位：mm）

图4-6-10　淋浴房距墙距离（单位：mm）

二、卫生间的功能

卫生间是处理家庭生活卫生和个人生理卫生的专用空间，其基本功能主要包括便溺、洗浴、盥洗、清洁和洗衣等。

① 便溺（即大小便），这是非常私密的卫生行为，也是卫生间最主要的功能，所需要的主要设备有便器、纸盒、通风设备等。

② 洗浴区也是卫生间极为私密的空间，在面积有限的情况下可用隔断处理，在面积较大的住宅中可以独立设置浴室，所需要的卫生设备设施有浴缸或淋浴、储藏柜、热水器和通风设备等。

③ 用于洗漱、洗发、剃须、化妆等活动的功能区，即通常所说的盥洗区，需要配置的设备有洗脸盆、化妆镜、储物箱、电源插座及照明装置等。

④ 洗衣也是卫生间的主要功能，所需要的设备主要是洗衣机和晾衣设施。随着现代生活

方式的转变,越来越多的住宅户型将洗衣空间转移至生活服务阳台。

三、卫生间的布置原则

1.尽量做到干湿分区

干湿分区的方式有几种,最简单的方法就是安装淋浴房或玻璃隔断,将洗浴区单独分出,可以有效地避免水花、水汽扩散。淋浴房一般设置在卫生间里面的角落。若安装的是浴缸,则可以采用玻璃隔断或者玻璃推拉门,也可安装浴帘来遮挡水花。安装浴帘这种方法最简单、经济,但干湿分离效果会稍差一些(图4-6-11～图4-6-13)。

图4-6-11 安装淋浴房实现干湿分区

图4-6-12 安装玻璃隔断实现干湿分区

需要注意的是,干区和湿区要分开单独安装下水,以免排水不畅造成淤积;便器、地漏、洗面盆等的排水管要分路设置,或与主排水立管连接,或分设立管。

2.充分设置收纳空间,生活用品明放与暗存结合

在居家生活中,卫生间中的各类生活用品种类众多,从洗发水到沐浴露,从化妆品到吹风机,从毛巾、牙具、洗衣粉、洗衣液到清扫工具,都是卫生间的必备品。要想使卫生间整齐有序,应根据物品的用途和使用频率考虑明放与暗存的合理比例,充分设置收纳空间(图4-6-14～图4-6-17)。

3.注意安全性、防水性和易清扫性

卫生间在安装电热水器或燃气热水器时,应考虑用电和燃气通风的安全性。卫生间地面无高差,有利于老年人安全行走和轮椅进出。在老年人使用的卫生间中设置安全扶手,可以方便老年人行走、移动、站立、下蹲、起身,防止滑倒摔伤(图4-6-18)。

(a)浴帘样式1　　　　　(b)浴帘样式2

图4-6-13　使用浴帘实现干湿分区

图4-6-14　卫生间收纳空间设置1

图4-6-15　卫生间收纳空间设置2

图4-6-16　卫生间收纳空间设置3

图4-6-17　卫生间收纳空间设置4

图4-6-18　卫生间设置安全扶手

四、卫生间的常见布局形式

按照我国现行住宅卫生间面积状况，卫生间可分为小型卫生间、中型卫生间、大型卫生间。小型卫生间面积以3.5～4.5m²为主，可放置三大基本洁具和主要卫生设施（图4-6-19）。

中型卫生间面积在5～8m²之间，除设置洁具外，可以将卫生间空间划分为洗浴分离或干湿分离。洗浴分离是指盥洗空间与厕所、洗浴空间分离（图4-6-20）；干湿分离是指厕所空间与盥洗、洗浴空间分离（图4-6-21）。这两种分离方式分别提高了洗浴空间的卫生环境质量和盥洗空间的使用效率。

大型卫生间面积在8m²以上，将厕所、盥洗、洗浴各空间分别独立设置。优点是各区域功能明确，使用起来舒适、方便。特别是在使用高峰期，各功能区域可以同时使用，减少相互干扰（图4-6-22）。

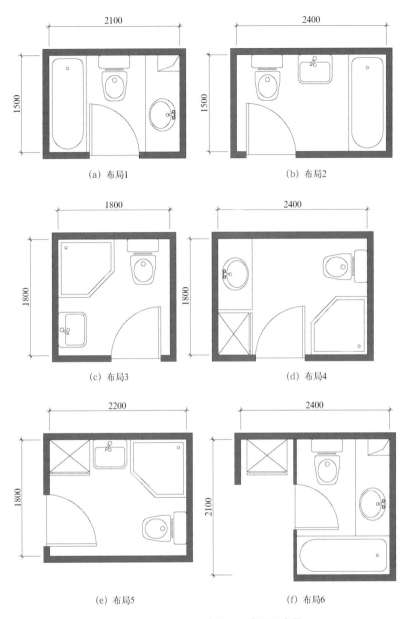

图 4-6-19 小型卫生间平面布局示意图

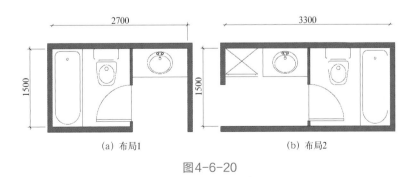

图 4-6-20

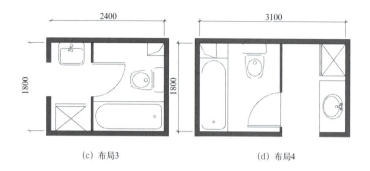

图 4-6-20　盥洗空间与厕所、洗浴空间分离型卫生间平面布局示意图

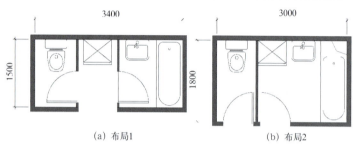

图 4-6-21　干湿分离型卫生间平面布局示意图

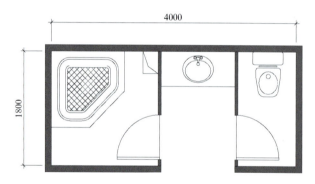

图 4-6-22　独立型卫生间平面布局示意图

任务实操训练 ▶▶▶

一、任务内容

以某住宅装饰装修项目为例（见附录），根据提供的户型原始平面图，使用 CAD 软件完成卫生间平面布置图的设计与绘制。

二、任务要求

① 掌握卫生间平面布置图中家具的布置方式。
② 掌握卫生间的空间尺度要求及常见家具的尺寸。
③ 科学合理地规划空间，按照制图规范熟练使用CAD软件绘制卫生间平面布置图。

模块五

界面装饰设计

任务一 地面装饰设计

> 教学目标：了解住宅室内地面装饰常见用材；了解不同空间的地面装饰用材；掌握木地板地面铺装设计；掌握瓷砖地面铺装设计；掌握石材地面铺装设计；能够依据设计风格定位、空间使用性质及需求，科学合理地选用地面装饰材料，完成地面装饰设计，绘制地面铺装图及效果图。

> 教学重点：木地板地面铺装设计；瓷砖地面铺装设计；石材地面铺装设计。

【专业知识学习】

一、住宅室内地面装饰常见用材

1.木地板

木地板具有天然纹理，给人以淳朴、自然的亲切感。木地板主要分为实木地板、复合木地板(强化复合地板和实木复合地板的统称)、竹材地板、软木地板。其中，使用最普遍的是实木地板、实木复合地板和强化复合地板。

2.地砖

地砖质地坚实，耐压耐磨，具有无毒、无味、易清洁、防潮、不渗水、耐酸碱腐蚀、无有害气体散发等特点。其花色品种、规格尺寸多样，可供选择的余地很大，能满足不同空间的需求，在目前建筑室内地面装饰中应用非常广泛。常见的不同材质的地砖有釉面砖、玻化砖、抛光砖、仿古砖、锦砖（马赛克）等。

3.天然石材

在住宅室内铺装中，天然石材利用花纹、颜色、光泽、质地肌理以及通过各种组合铺贴形式表现其独特的艺术效果，丰富室内空间装饰效果，展现装饰风格。

天然石材品种多样，在选择品种时需要考虑其可加工性、强度、色差、耐磨性、耐腐蚀性等因素。例如，色差大的品种不宜做大面积的铺装；强度低、耐磨性差的品种不宜用在人流量大的地面；可加工性差的品种不宜制作图案复杂的拼花。

二、不同空间的地面装饰用材

1.客厅、餐厅地面装饰用材

客厅、餐厅地面装饰常用瓷砖、木地板、天然石材等材料，以瓷砖和木地板最为常见。需要注意的是，地面装饰材料的色彩和图案是影响整个空间风格、色调和谐与否的重要因素，因此，地面装饰用材的色彩和图案不宜变化过多（图5-1-1～图5-1-3）。

2.卧室、书房地面装饰用材

卧室、书房的地面要给人以柔软、温暖和舒适的感觉，冰冷生硬的材质（如瓷砖、石材）通常不加以考虑，因此铺设木地板最适宜、最常见。有时，为丰富地面装饰效果，增强质感和色彩，也常在木地板上配置地毯作为装饰（图5-1-4、图5-1-5）。

3.厨房、卫生间地面装饰用材

厨房、卫生间的地面应采用防滑、易于清洗的材料。强度高、易于清洗的地砖一般是首选。需要注意的是，在地砖色彩和图案样式选择上需要考虑与空间整体的协调统一（图5-1-6、图5-1-7）。

厨房地面一般不使用小规格尺寸瓷砖，以减少瓷砖拼缝，求得更加整体的视觉效果，常选用600mm×600mm或800mm×800mm规格尺寸的地砖。

卫生间一般面积不大，且为制作地面排水坡度，故不常采用大规格瓷砖，一般常用300mm×300mm、200mm×300mm、200mm×200mm等规格尺寸。卫生间铺地砖时，应考虑地面向地漏处排水坡度的设计，排水坡度一般为2%～3%。为避免漏水、返潮，还必须考虑有防水设计。在铺地砖之前须使用防水材料对地面进行防水处理，做完防水处理后还应进行"闭水试验"，验收防水效果。

图5-1-1　瓷砖在客厅、餐厅地面装饰中的应用

图5-1-2　木地板在客厅、餐厅地面装饰中的应用

图5-1-3　餐厅地面运用瓷砖和天然石材拼花

图5-1-4　木地板在卧室地面装饰中的应用

图5-1-5　拼花木地板在书房地面装饰中的应用

图5-1-6　地砖在厨房地面装饰中的应用

图5-1-7　卫生间地面常用小规格地砖

三、木地板地面铺装设计

1. 木地板的铺装样式

木地板比较常见的拼接方式有错缝拼、人字拼、鱼骨拼、十字拼（田字拼）、地板拼花等。不同的拼接方式会营造出不同的装饰效果（图5-1-8～图5-1-13）。

（1）错缝拼

错缝拼是木地板铺装中最普遍、最大众化的方式。由于施工简单、快速，木地板损耗小、性价比高，同时符合主流趋势，因此被广大业主所接受。错缝拼有二分之一铺法（工字拼）和三分之一铺法。三分之一铺法看上去和工字

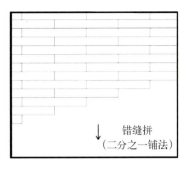 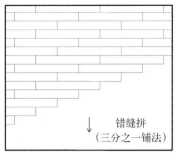
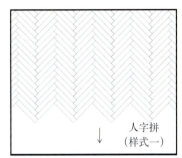 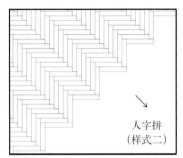
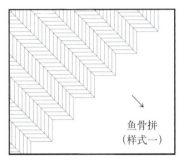 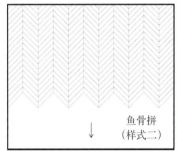 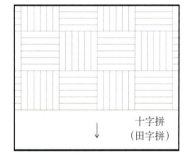

图5-1-8　木地板常见铺装样式

图5-1-9　木地板错缝拼

图5-1-10　木地板人字拼

图5-1-11 木地板鱼骨拼　　图5-1-12 木地板十字拼　　图5-1-13 拼花木地板

拼差不多，只是地板的短边接缝位于长边的位置不同，位于上下两块地板的三分之一处。

（2）人字拼

人字拼铺法在欧式风格、欧式田园风格、美式风格装饰中最为常见。在铺设时，将两条木地板的顶端成90°拼在一起，形成人字形。这种方法不仅适用于木地板，瓷砖、文化石等也都可以用这种方法进行铺贴。人字拼适合小规格地板，铺设难度比较高。若使用龙骨铺装，则龙骨需要加密。

（3）鱼骨拼

鱼骨拼铺法只能用专门的鱼骨拼地板，拼出来以后的花纹和颜色非常好看，但是安装难度比较大，对齐并不容易，需要经验丰富的安装师傅细心操作。鱼骨拼和人字拼看起来相似，但又有一些不同。鱼骨拼是拼接中缝对齐，而人字拼在衔接上会有错落感。从工艺上看，鱼骨拼要更复杂，因为每块木地板的两边都需要45°裁切，需要将地板斜边整齐地进行铺设。

（4）十字拼（田字拼）

十字拼是将几块木地板拼成一块正方形，然后进行方块式的拼贴。十字拼只适合小规格的地板，拼法也比较简单，难度不高。若使用龙骨铺装，则龙骨铺装需要加密。

从铺设损耗来看，错缝拼损耗最少，一般是4%；人字拼要损耗约6%，而鱼骨拼的损耗更高，达到8%～14%。

2.木地板的铺设方向选择与设计

不同的木地板铺设方向达到的装饰效果完全不同，铺设方向也关系到铺设的合理性。铺设方向的常见选择有顺光线铺、顺长边铺、顺主空间铺、逆床铺、开门见缝铺五种（图5-1-14～图5-1-16）。

图 5-1-14　木地板顺光线铺与顺长边铺的统一　　　　图 5-1-15　木地板顺长边铺

（1）顺光线铺（与窗户垂直）

一般木地板的铺贴方向是顺光线铺，也就是铺设方向垂直于窗户。这样铺设的好处是木地板随着阳光的方向向前延伸，加强空间的纵深感，视觉上会更开阔。如果平行于窗户横着铺，木地板上弯曲的木质纹理会让地面看起来不平整，影响视觉美感。

（2）顺长边铺（延伸空间感）

木地板还可以顺着房间长边的方向铺设。一般以客厅的长边走向为准，如果客厅铺设木地板，其他需要铺设木地板的房间也跟着同一个方向铺；如果客厅不铺木地板，那么其他各个房间可以独立铺设，以各个房间长边走向为准，不需要统一方向。

（3）顺主空间铺（同向布局、整齐统一）

如果家中通铺木地板，首先是确定客厅顺光铺或者顺长边铺的方向，然后所有房间和客厅木地板同一方向铺设。这样能让整套房子看起来更整齐划一。如果不是通铺木地板，只是卧室、书房铺木地板，则可以按照各房间的具体情况铺设。

（4）逆床铺（增强空间层次感）

在卧室中，木地板铺设方向通常选择和床的摆放方向相互垂直，以纵横交错的线条与纹理填充空间的饱满度，增强空间的层次感。卧室不同于客厅要营造开阔延伸感，而是需要私密感、安全感，不宜给人很强烈的纵深感。

（5）开门见缝铺（视野开阔）

"开门见缝"原则也是木地板铺设方向选择的一种常用依据，即站在家门口向里看，看到的地板方向是和视线平行的。

图 5-1-16　木地板逆床铺与顺光铺的统一

图 5-1-17　长方形地砖横竖铺

图 5-1-18　地砖工字形铺

四、瓷砖地面铺装设计

常见的地砖铺装样式有横竖铺、工字形铺、菱形斜铺、错位铺、组合式铺五种。

（1）横竖铺

横竖铺是最传统、最常见的方式，与墙边平行进行铺贴。砖缝对齐且不留缝，同时用与砖的颜色接近的勾缝剂勾缝处理。装饰效果工整、简约、整洁，多用于现代简约风格。除正方形瓷砖外，长方形的瓷砖也常被用于横铺或竖铺（图 5-1-17）。

（2）工字形铺

工字形铺是在传统横竖铺的基础上稍做改动，将瓷砖铺贴成工字形。工字形铺在视觉上会产生错落感，装饰效果错落有致，不显单调。工字形的铺贴方式比普通横竖铺费时费料，会多耗费 5%～10% 的材料（图 5-1-18）。

（3）菱形斜铺

菱形斜铺是将瓷砖与墙边成 45° 的方式排砖铺贴，视觉上原本四方的砖会变成菱形，装饰效果生动，不呆板，多用于欧式田园风格和美式风格，在现代简约风格中也有应用。

仿古砖菱形铺贴时，常带角花做点缀。仿古砖斜铺时最好留 3～8mm 的宽缝。可以选择与砖体颜色接近的勾缝剂填缝，也可以选择有反差的勾缝剂处理砖缝。砖缝组成的几何线形纵横交错，能给空间带来很强的立体感，体现出古朴的感觉（图 5-1-19）。

图 5-1-19　地砖菱形斜铺

图 5-1-20　地砖错位铺

图 5-1-21　地砖组合式铺

菱形斜铺方式相对而言比较费砖费工，地砖用量损耗较多，以 600mm×600mm 的地砖为例，损耗会超过普通铺法的 15% 以上，铺装费用超出普通铺法 50% 左右。

（4）错位铺

错位铺也是在传统横竖铺或菱形斜铺的基础上稍做改动的一种形式，常在四片瓷砖对角的位置增加角花做装饰点缀，砖缝错位不做直线延伸处理（图5-1-20）。

（5）组合式铺

组合式铺是用不同尺寸、款式和颜色的瓷砖，按照一定的组合方式进行铺贴，铺贴方式更加丰富。组合式铺贴的配套产品有波打线、地拼花、角花等。波打线一般用深色的瓷砖，仿古砖常配有专门配套的波打线。

组合式铺贴适合于欧式风格和乡村田园风格，通常可以用颜色略深于所铺主体瓷砖的大理石或瓷砖，在地面四周围边，使铺贴效果更加精致，而且更能烘托出空间气氛。在现代风格的家中，可使用颜色反差大的瓷砖组合铺贴，使地面几何线条变得丰富，能起到很好的对比装饰作用（图5-1-21）。

五、石材地面铺装设计

现代住宅室内装饰中，石材在地面铺装中主要有两大用途，一是用作配合瓷砖地面的拼花或波打线；二是用作过门石。过门石又称门槛石，是解决内外高差，解决两种材料交接过

图5-1-22 过门石的应用示例

渡、阻挡水、起美观等作用的一条石板。在室内装饰装修中，不同房间内外地面装修材料做法不同，导致地面厚度不同，产生高差，因此常用天然石材做地面装饰过渡，例如客厅走廊与卫生间地面交接处（图5-1-22）。

用作过门石的石材最好是完整的一块，每条过门石切忌两条等分铺设，即过门石有单中缝居中现象。如果受石材幅面限制不能是一整条，则最好分三条，即先分一半，然后把余下一半再平均分为两半，铺装的时候，两小条在两侧，一半的大条在中间。

任务实操训练 ▶▶▶

一、任务内容

以某住宅装饰装修项目为例（见附录），科学合理地选用地面装饰材料，完成地面装饰设计，绘制地面铺装图及主要房间效果图。

二、任务要求

① 科学合理地选用地面装饰材料。
② 科学合理地完成地面装饰设计。
③ 按照制图规范，使用 CAD 软件绘制地面铺装图。
④ 设计绘制主要房间效果图。

任务二　顶棚装饰设计

> **教学目标**：了解住宅室内顶棚的装饰方式；掌握决定顶棚造型样式的因素；能够依据设计风格定位、空间使用性质及需求，科学合理地选用顶棚装饰材料，完成顶棚装饰设计，绘制顶棚平面图及效果图。
>
> **教学重点**：决定顶棚造型样式的因素。

【专业知识学习】

一、住宅室内顶棚的装饰方式

（1）顶棚不吊顶，用乳胶漆饰面

此种情况下可在顶棚与墙的交接处（阴角处）使用顶角线做局部装饰及收口处理。顶角线一般使用成品石膏顶角线或用石膏板裁制成细条板制作而成，或者顶角处不做任何处理。这种顶棚装饰方式可用在客厅、餐厅、书房、卧室、阳台、走廊等空间中（图5-2-1、图5-2-2）。

（2）轻钢龙骨纸面石膏板吊顶

轻钢龙骨纸面石膏板全吊顶或者局部吊顶，顶棚用乳胶漆或其他饰面材料饰面。全吊顶或者局部吊顶形式的选择取决于房间层高、设计风以及空间分隔的需要。客厅、餐厅、书房、

图5-2-1　现代风格追求简洁的装饰效果，顶棚可做不吊顶处理

图5-2-2　顶棚不吊顶，顶棚与墙的交接处（阴角处）使用顶角线做局部装饰及收口处理

图5-2-3 房间四周做局部吊顶处理

图5-2-4 厨房使用铝扣板集成吊顶

卧室、阳台、走廊等空间中均可使用（图5-2-3）。

（3）铝扣板集成吊顶

主要用在厨房、卫生间顶棚，阳台顶棚也可使用（图5-2-4）。

二、决定顶棚造型样式的因素

1.房间高度决定顶棚样式的设计

房间高度直接影响人们对室内空间的感受。一般住宅的层高大多在2.7m左右，由于受高度的限制，顶棚很少做全吊顶。因此，在多数情况下，优先采用局部吊顶；在层高不受限制的情况下，吊顶能为顶面带来更多的情趣，可以采用多层级具有丰富造型的吊顶形式。

顶棚饰面多采用乳胶漆，根据不同设计风格的需要也可使用墙纸、木饰面板、玻璃或其他装饰材料饰面。但需注意的是住宅装修中顶棚材质的变化不宜过多，以免造成凌乱的视觉感受。顶棚的饰面色彩应以明度较高的颜色为主，要避免室内色彩头重脚轻，造成心理上的压抑感。

常见的局部吊顶样式如图5-2-5～图5-2-8所示。

2.设计风格决定顶棚样式的设计

不同设计风格对顶棚的处理方式是不同的，设计风格决定着顶棚的造型样式和材料运用。例如，现代风格的顶棚造型追求简洁；欧式风格顶棚造型追求立体感，表面造型常是凸凹起伏的，造型有凸凹感，又有优美的曲线，还十分注重花纹的刻画，讲究精细的雕花工艺；新中式风格的顶棚讲究对称，经常加入木质线条的装饰，让空间层次丰富又有意境；田园风格的顶棚装饰多选择接近自然的材料，主张展示出材料本身的质感与纹理，以表现悠闲、质朴、舒畅的室内氛围。

常见的不同风格顶棚造型设计如图5-2-9～图5-2-17所示。

图5-2-5 常见的局部吊顶样式1

图5-2-6 常见的局部吊顶样式2

图5-2-7 常见的局部吊顶样式3

图5-2-8 常见的局部吊顶样式4

图5-2-9 现代风格顶棚设计

图5-2-10 极简主义风格顶棚设计

图5-2-11 传统中式风格顶棚设计

图5-2-12 新中式风格顶棚设计

图5-2-13 中式风格书房顶棚设计中应用中式传统元素

图5-2-14 新古典主义欧式风格顶棚设计

图5-2-15 现代简约欧式风格顶棚设计

图5-2-16 美式风格顶棚设计

图5-2-17 欧式田园风格顶棚设计

3. 空间分隔的需要决定顶棚样式的设计

为了形成空间的象征性分隔，常需要借用顶棚的造型设计建立空间围合感以及塑造空间的秩序感。例如，现代小户型住宅中，餐厅往往与客厅存在于同一个空间，通过有变化的吊顶，可以使就餐区的空间高度与客厅不同，在视觉上把就餐区与客厅或厨房区分开来，起到象征性分隔空间的作用；又例如，客厅、餐厅的顶棚设计通常采取对称形式，以形成一个无形的中心环境，使顶棚的几何中心对应茶几、餐桌，形成上下呼应

图 5-2-18　顶棚造型的高低变化在视觉上有效分隔了客厅、餐厅、阳台三个空间

图 5-2-19　规则的顶棚造型起到强调空间秩序感的作用

图 5-2-20　利用顶棚材质的变化形成厨房与餐厅的象征性分隔

关系。顶棚的造型也可以是非对称的自由形式，但也应使几何中心形成整个中轴，以利于强调空间的秩序感。顶棚的设计还应注意在各个空间之间做好合理过渡和衔接，起到保持空间整体节奏与秩序统一的作用（图5-2-18～图5-2-20）。

4. 空间使用性质决定顶棚样式的设计

厨房、卫生间的顶棚设计要易于清洁、防火、防潮、耐油烟、不易变形等。厨房、卫生间的顶棚设计应注重实用性，不能只以美观为设计原则。因此现代厨房、卫生间的顶棚较多采用铝扣板，起到防水和防油烟的作用。

铝扣板以板面花式丰富，使用寿命长，板面强度高等优势取得了市场认可，已成为家装集成吊顶的主流。铝扣板采用配套轻钢龙骨吊顶，现场加工安装也较为简便。在烹饪不多的厨房中，顶棚设计也可使用轻钢龙骨石膏板吊顶；在潮气不大的非洗浴区域，卫生间的顶棚也可使用石膏板吊顶加防水乳胶漆饰面（图5-2-21～图5-2-24）。

5.顶棚设施安装决定顶棚样式的设计

图5-2-21　厨房铝扣板集成吊顶

图5-2-22　卫生间铝扣板集成吊顶

图5-2-23　厨房采用石膏板吊顶装饰效果

图5-2-24　卫生间采用其他材料的顶棚设计

顶棚除了装饰功能外，其样式的设计还应考虑便于灯具的安装，以及通风设施的送风口和回风口的布置。例如，顶棚设计中需要设置筒灯时，应考虑到筒灯的安装方式是嵌入式安装，因此必须在安装筒灯的位置做吊顶处理，且要考虑吊顶的高度尺寸是否能满足安装筒灯的需要，否则是无法实现筒灯安装的。例如，通风设施的送风口不宜布置在正对座位与睡眠区域的位置；又例如，厨房、卫生间吊顶高度的设计要依据顶棚上方管道的位置而定，要低于管线最低位置。

任务实操训练 ▶▶▶

一、任务内容

以某住宅装饰装修项目为例（见附录），根据平面布置设计科学合理地选用顶棚装饰材料，完成顶棚装饰设计，绘制顶棚平面图及效果图。

二、任务要求

① 科学合理地选用顶棚装饰材料。
② 科学合理地完成顶棚装饰设计。
③ 按照制图规范，使用CAD软件绘制顶棚平面图。
④ 绘制顶棚装饰设计效果图。

任务三 墙面装饰设计

> **教学目标**：了解住宅室内墙面的装饰方式；掌握不同空间墙面的装饰设计方法；能够依据设计风格定位、空间使用性质及需求，科学合理地选用墙面装饰材料，完成墙面装饰设计，绘制装饰设计立面图及效果图。
>
> **教学重点**：不同空间墙面的装饰设计方法。

【专业知识学习】

一、住宅室内墙面的装饰方式

（1）墙面不做造型，用乳胶漆、壁纸饰面

此种墙面装饰方式可用在客厅、餐厅、书房、卧室、阳台、走廊等空间中的非重点墙面，在墙面与地面的交接处（阴角处）使用踢脚板做收口处理（图5-3-1）。

（2）装饰造型墙

一般在主要房间的重点墙面做墙面装饰造型，常见的有电视背景墙、床头背景墙、玄关装饰墙、餐厅背景墙等。装饰造型墙主要使用轻钢龙骨纸面石膏板、细木工板制作造型，饰面材料主要用乳胶漆、壁纸、木饰面、软包、玻璃、石材、岩板等。装饰造型墙的样式设计及用材主要取决于空间大小、设计风格、空间分隔的需要（图5-3-2～图5-3-4）。

（3）护壁墙裙

护壁墙裙是在墙的四周距地一定高度范围之内用护墙板、木线条、壁纸、软包等材料制作，不仅能有效保护建筑墙面，又具有很好的装饰性。是否设计护壁墙裙主要取决于空间大小及设计风格。欧式风格、美式风格、欧式田园风格常用护壁墙裙设计（图5-3-5）。

（4）墙面粘贴瓷砖

主要用在厨房和卫生间的墙面（图5-3-6）。

二、不同空间的墙面装饰设计

1.客厅、玄关、餐厅墙面装饰设计

客厅墙面是装饰中的重点部位，对整个室内装饰的风格、式样及色调起着决定性作用。

图 5-3-1　墙面不做装饰造型，用乳胶漆饰面

图 5-3-2　新中式风格客厅电视背景墙设计

图 5-3-3　现代轻奢风格客厅、餐厅背景墙设计

图 5-3-4　新中式风格卧室床头背景墙设计

图 5-3-5　欧式风格的护壁墙裙设计

图 5-3-6　厨房瓷砖墙面装饰

图5-3-7 新中式风格客厅墙面装饰设计

图5-3-8 现代风格客厅墙面装饰设计

图5-3-9 现代欧式风格客厅墙面装饰设计

图5-3-10 现代美式风格客厅墙面装饰设计

图5-3-11 欧式田园风格客厅墙面装饰设计

图5-3-12 现代风格餐厅墙面装饰设计

客厅墙面有三个重要部位：电视背景墙、沙发背景墙及玄关装饰墙。在对这三个部位的墙面进行设计时，应根据其重要性的不同分清主次关系。除电视背景墙、沙发背景墙及玄关装饰墙外，对其他部位墙面的设计处理要做好墙面空间的过渡和衔接（图5-3-7～图5-3-11）。

餐厅墙面的装饰手法很多，应根据具体情况考虑实用功能和美化效果。在餐桌边上放置餐边柜和在墙上挂主题艺术品是常用的手法。餐厅墙面的设计形式是多样的，只要富有创意，装饰手法可以不限，但需注意的是应考虑与相连界面的有序过渡及空间整体的协调性（图5-3-12～图5-3-15）。

图5-3-13　新中式风格餐厅墙面装饰设计

图5-3-14　欧式风格餐厅墙面装饰设计

图5-3-15　田园风格餐厅墙面装饰设计

图5-3-16　现代风格卧室墙面装饰设计

图5-3-17　新中式风格卧室墙面装饰设计

图5-3-18　美式风格卧室墙面装饰设计

2.卧室、书房墙面装饰设计

卧室墙面的装饰处理要尽量简洁，一般选床头背景墙作为主要墙面重点设计。墙面装修材料常选乳胶漆和壁纸，花纹和颜色应根据住户的个人喜好来选择。在床头背景墙的处理上也可采用有一定弹性的材料，如纺织物、皮革进行软包覆盖，可以起到消声隔声和缓冲保护的作用。为了照顾老年人的行为特点，在墙面可以设置安全扶手辅助老年人的行动。卧室墙面上往往要设置较多的电器插座和开关，设计时要考虑使用方便、安全，位置适当（图5-3-16～图5-3-18）。

图5-3-19 现代风格书房墙面装饰设计

图5-3-20 新中式风格书房墙面装饰设计

书房一般空间不大，墙面的装饰要尽量简洁，一般不做造型处理，仅以乳胶漆和壁纸做饰面处理，配以墙面挂画等方式进行装饰。另外，书架及书架上的陈设品本身就能形成良好的墙面装饰（图5-3-19～图5-3-21）。

3.厨房、卫生间墙面装饰设计

厨房、卫生间墙面主要使用陶瓷墙砖装饰。陶瓷墙砖具有无毒、无味、易清洁、防潮、耐酸碱腐蚀、美观耐用等特点，是厨房、卫生间墙面理想的装饰材料。陶瓷技术在不断革新，突破了传统陶瓷砖的造型局限，可模仿天然装饰材料，也可按设计师的构想制造具有鲜明个性色彩的装饰纹理和颜色，因此，设计师在设计过程中，可以通过更多的选择来提升设计意图的表达。

厨房墙面瓷砖的选择需要考虑与整体设计风格及橱柜样式、色彩的协调统一。厨房墙面瓷砖的颜色和橱柜如属于同一色系，会产生协调统一的视觉效果；反之则会有较强的视觉冲击效果和时尚前卫风格（图5-3-22～图5-3-24）。

图5-3-21　美式风格书房墙面装饰设计

图5-3-22　现代风格厨房墙面装饰设计

图5-3-23　欧式田园风格厨房墙面装饰设计

图5-3-24　美式风格厨房墙面装饰设计

图5-3-25　卫生间墙面装饰设计1　　　　　　　图5-3-26　卫生间墙面装饰设计2

图5-3-27　卫生间墙面装饰设计3　　　　　　　图5-3-28　卫生间墙面装饰设计4

卫生间墙面常用瓷砖、马赛克、大理石，或者几种材料搭配进行墙面装饰。市场上可选择的瓷砖样式、图案很多，可根据业主的喜好和整体的风格选择相应的颜色与图案。由于没有过多的家具，展示出的墙面空间也较大，因此结合墙面家具、设施的布置安装，也可创造出较好的装饰效果（图5-3-25～图5-3-28）。

任务实操训练 ▶▶▶

一、任务内容

以某住宅装饰装修项目为例（见附录），科学合理地选用墙面装饰材料，完成墙面装饰设计，绘制各房间立面图及主要房间效果图。

二、任务要求

① 科学合理地选用墙面装饰材料。
② 科学合理地完成墙面装饰设计。
③ 按照制图规范，使用CAD软件绘制各房间立面图。
④ 设计绘制主要房间效果图。

模块六

软装陈设设计

任务一 家具的选择与陈设

> ▶ 教学目标：掌握中式家具、现代欧式家具、现代风格家具、美式家具、自然风格家具的特征、选择与陈设方法；能够依据设计风格定位、空间使用性质及需求，合理地选用家具，完成主要房间的家具陈设设计。
>
> ▶ 教学重点：中式家具的特征、选择与陈设方法；现代欧式风格家具的特征、选择与陈设方法；现代风格家具的特征、选择与陈设方法；美式家具的特征、选择与陈设方法。

【专业知识学习】

家具是室内的主要陈设物，由于其功能的必要性，所以数量和种类众多。家具占用空间大，且对室内风格塑造及品质感塑造起着决定性作用，因此成为室内陈设的重点。一般室内陈设会先选择家具定下主调，然后再选择其他陈设品。

家具除了是一种具有实用功能的物品外，更是一种具有丰富文化形态的艺术品。是室内空间中最能表达艺术含义的物件，是设计灵感和艺术观的最佳表现载体。因此，通过家具的艺术形象来营造室内空间的艺术氛围，是十分奏效的设计手段。

在选择和陈设家具时，需要考虑房间的装饰风格和功能需求。同时，还需要考虑家具的大小、款式和材质等因素。更重要的是需要发挥其在装饰空间氛围、调节内部空间关系、转换空间使用功能、提高空间利用率等方面的作用。这也是家具的主要功能作用（图6-1-1～图6-1-3）。

图6-1-1　家具主导空间装饰氛围

图6-1-2 通过家具分隔并调节内部空间

图6-1-3 家具提高空间利用率

一、中式家具

传统中式家具以明清家具为代表,包括椅凳、桌台、几案、床榻、橱柜、屏架,以及箱、匣等。明式家具造型简练,以线为主,装饰适度,繁简相宜;清式家具用料粗壮,造型浑厚、庄重,注重雕刻装饰,装饰上求多、求满,追求富丽、华贵的装饰效果(图6-1-4)。

传统家具的款式经过不断地翻新和变化发展至今,出现了更加舒适、轻便、实用、轻巧,多功能或组合式的现代中式家具。与传统中式家具相比,新中式家具更加符合当代人的审美需求。它们的外形更加简洁、明亮,不失精致,可以很好地融入现代家居环境。新中式家具传承了中国特色的传统文化,保留了传统中式家具的意境和精神象征,摒弃了传统中式家具繁杂的制作工艺、繁复的雕花和纹路,并广泛运用了现代的材质及工艺,不仅拥有典雅、端庄的中国气息,并具有明显的现代特征,同时注重实用性和舒适度(图6-1-5～图6-1-7)。

(a)明式家具造型简练,以线为主,装饰适度,繁简相宜

(b)清式家具用料粗壮,造型浑厚、庄重,注重雕刻装饰,装饰上求多、求满

图6-1-5 新中式家具传承了传统艺术思想,保留了传统中式家具的特色

图6-1-4 明式家具与清式家具的特点比较

图6-1-6 新中式家具注重现代审美和生活方式,反映出对现代简约生活的追求

图6-1-7 新中式家具具有明显的现代特征,同时注重实用性和舒适度

二、现代欧式家具

现代欧式家具又称简欧风格家具，与欧式古典风格家具一脉相承，与美式风格家具有异曲同工之妙。在沿袭传统的基础上，更多的是追求家具的舒适度与实用性，摒弃了古典家具的繁复，更多地运用了简约线条，不失高贵与典雅，展现了一种简约而不简单的设计风格。

现代欧式家具有三个主要的特点，一是"线条美观，重视雕工"，二是"偏好鲜艳色系"，三是"多见实木，常用皮革"。

(1) 线条美观，重视雕工

家具造型上，常以兽腿、花束及螺钿雕刻来装饰，追求细节处的线条雕刻，在突出浮雕般立体感的同时，追求优美的弧形及弧度。家具的造型多由对称的、富有节奏感的螺旋形曲线或曲面构成。相对于古典欧式家具而言，现代欧式家具的花纹样式不再追求繁杂，而是追求线条简单化，更多表现出朴素与高雅，实现实用性与美观性的完美统一（图6-1-8、图6-1-9）。

(2) 偏好鲜艳色系

家具色彩上，多姿多彩，常用浅色或深色。例如，白色家具显得洁净、朴素而高雅，如果需要表现明快感和现代感，往往选择白色家具；深色家具显得复古且庄重，如果需要表现古典感，则通过较深的用色来实现。现代欧式家具中也常见金色，多用镀金或金箔来装饰，呈现出高贵与华丽的气质（图6-1-10～图6-1-12）。

(3) 多见实木，常用皮革

家具材质上，首要选择的是皮质感较强的家具和实木质地的家具。皮质家具也常会选择印花坐垫和靠背进行装饰组合，从而实现高档材质与优雅品位的结合，并且利用色彩的鲜艳与高档皮质的柔和进行搭配（图6-1-13）。

图6-1-8 现代欧式家具追求细节处的线条雕刻，追求优美的弧形及弧度

图6-1-9 现代欧式家具常以兽腿、花束及螺钿雕刻来装饰

图6-1-10 白色欧式家具显得洁净、朴素而高雅

图6-1-11 深色欧式家具显得复古且庄重

图6-1-12 现代欧式家具偏好鲜艳色系

图6-1-13 现代欧式家具常用实木、皮质材料，且色彩鲜艳

三、现代风格家具

北欧现代家具、有机功能主义家具是现代风格家具的典型代表。北欧现代家具设计风格从精神上可以概括为：简洁、功能化且贴近自然的人文化设计。现代北欧设计基本引领和代表了现代简洁风格，是现代室内设计中非常受欢迎的风格之一。有机功能主义家具设计以实用主义为其哲学基础，推崇功能性，形态设计追求生物学化，把有机形式和现代功能结合起来，具有强烈的雕塑形态和有机造型语言，家具的造型新奇独特，趋于有机形态。郁金香椅、天鹅椅、蛋形椅、蚂蚁椅等均是其经典之作。

郁金香椅是美国设计师埃罗·沙里宁（Eero Saarinen，1910～1961年）最经典的作品之一，设计于1956年，采用了塑料和铝两种材料，以宽大而扁平的圆形底座作为支撑，从下至上均以流线型为主，整个形体显得非常优雅舒适（图6-1-14）。

天鹅椅、蛋形椅、蚂蚁椅（图6-1-15～图6-1-17）、壶椅由丹麦设计师安恩·雅各布森（ArneJacobsen 1902～1971年）设计。雅各布森是20世纪丹麦著名的建筑师，工业产品与室内家具设计大师，北欧现代主义之父。

图6-1-14 郁金香椅

图6-1-15 天鹅椅　　　　　图6-1-16 蛋形椅　　　　　图6-1-17 蚂蚁椅

现代风格家具的主要特点表现为：突出强调功能性，造型以直线为主，色彩搭配概括简洁，材料多样化。

(1) 突出强调功能性

现代风格家具强调功能至上，形式追随功能，追求形式与功能完美结合，在功能主义的基础上注重形式的优雅，表现出实用、多功能的效果。

(2) 造型以直线为主

现代风格家具的造型呈现出以直线为主，高度概括、简练、简洁的特征，注重形式美感，不依赖装饰，呈现出理性的造型手法。沙发、桌子、椅子等均以直线为其基本形态（图6-1-18）。

(3) 色彩搭配概括简洁

现代风格家具在色彩运用上相对简单，常使用大片的中性色，偶尔用高纯度的颜色作为点缀色，即使是很鲜明的色彩也会表达得尽量概括简洁。在色彩搭配上更注重统一与变化、调和与对比、均衡与稳定之间的关系，常使用近色系搭配、同色系搭配、对比色搭配（图6-1-19、图6-1-20）。

图6-1-18 现代风格家具注重实用、多功能，造型以直线为主

（4）材料多样化

现代风格家具呈现出材料多样化、质感强烈的特征。一方面，大量使用现代化的工业材料，如玻璃、不锈钢、塑料、人造板材等，这些材料本身所具有的特殊肌理为家具的形态带来了丰富的表面装饰效果，能给人以前卫、时尚的感觉；另一方面，大量运用自然材料，给人以亲切感和充满人情味的感觉（图6-1-21）。

图6-1-19 现代风格家具——同色系搭配

图6-1-20 现代风格家具常大片使用中性色，偶尔用高纯度的颜色作为点缀

图6-1-21 布艺、金属、木材、皮革、石材等材料在现代风格家具中有着广泛的应用

四、美式家具

美式家具可分为古典风格美式家具、新古典风格美式家具、乡村风格美式家具。大体可概括为传统美式家具和现代美式家具。传统美式家具和现代美式家具也被人们俗称为大美式家具和小美式家具。美式家具的特点表现为：用材多为实木，风格粗犷大气，崇尚古典欧式韵味（图6-1-22、图6-1-23）。

传统美式家具俗称大美式家具，相对于小美式家具来说一般款式都很大，比小美式家具显粗犷大气。大美式家具体现的是古典美式风格，其体积大，厚重、舒适。大美式家具多见深色，细腻的精雕花较多，做旧手法比较明显，带有一种复古和怀旧的感觉（图6-1-24）。

现代美式家具俗称小美式家具，在款式上要小于大美式家具。小美式家具虽然采用实木制作，但是多采用直线、纯色等，减少了雕花等过多的装饰，只在主要部位做少量点缀（图6-1-25、图6-1-26）。

小美式家具比较适合小户型住宅，家具尺寸更小，造型简洁明快，呈现出自由、温馨、亲切的感觉。大美式家具比较适合大户型，宽大、厚重，能够呈现大气感，具有雍容、华贵、富丽的特点。一般来说，别墅、会所采用大美式家具的比较多。

图6-1-22　美式家具用材多为实木、皮革，风格粗犷大气，崇尚古典韵味

图6-1-23 古典风格美式家具

图6-1-24 新古典风格美式家具

6-1-25　现代美式家具造型多采用直线，减少了雕花装饰，材质运用更加多元化

6-1-26　现代美式家具造型简洁明快，尺寸大小适合现代住宅

五、自然风格家具

自然风格等同于乡村风格、田园风格。它不同于中式家具的精工细作,也不同于欧美家具的华丽奢侈,它倡导回归自然,在美学上推崇自然,结合自然,倡导一种自然、休闲、简单、随性的生活方式。它崇尚自然,反对虚假的华丽、繁琐的装饰和雕琢的美。摒弃了经典的艺术传统,追求田园一派自然清新的情趣,不是表现强光重彩的华美,而是纯净自然的朴素,以明快清新、具有乡土风味为主要特征,以自然随意的款式、朴素的色彩表现一种轻松恬淡、超凡脱俗的情趣。

自然风格家具的特点还主要表现为尊重民间的传统习惯和风土人情,保持民间特色,注意运用地方材料,因此多用木、石、藤、竹等天然材料,保持并展示材质质朴的纹理,没有艳丽的色彩,没有过多的装饰,不精雕细刻。

中式田园风格家具、欧式田园风格家具、美式乡村风格家具、地中海风格家具都属于自然风格家具这一类(图6-1-27~图6-1-30)。

图6-1-27 自然风格藤制家具

图6-1-28 美式乡村风格家具

图6-1-29 欧式田园风格家具

图6-1-30　地中海风格中特色鲜明的铁艺家具

任务实操训练 ▶▶▶

一、任务内容

以某住宅装饰装修项目为例（见附录），依据设计风格定位、空间使用性质及需求，合理地选用家具，完成主要房间效果图设计。

二、任务要求

① 准确把握不同的家具风格特征，合理选用家具。

② 合理完成家具的陈设与布置。

③ 设计绘制主要房间效果图。

任务二 布艺织物的选择与陈设

> **教学目标**:掌握窗帘、地毯、家具蒙面织物、床品布艺的选择与陈设方法;了解不同装饰风格布艺织物的特点;能够依据设计风格定位、空间使用性质及需求,合理地选用布艺品,完成主要房间的布艺织物陈设设计。
>
> **教学重点**:窗帘的选择与陈设;地毯的选择与陈设;家具蒙面织物的选择与陈设。

【专业知识学习】

织物装饰俗称布艺,即纺织品装饰、布上的艺术。布艺织物作为软体材料,在室内环境中能够柔化空间。它丰富多变的色彩、图案、质地可以丰富空间的色彩感和装饰性,尤其是织物的质地对人的影响是其他任何材质不能替代的。根据人们的生理特征,软、轻柔、光滑的物质可触性强。织物用品这种温暖、柔滑的特性,往往容易使人乐于接受。

布艺织物是仅次于家具的重要元素,它不但能弱化室内空间的生硬线条,赋予居室典雅温馨的感觉以及赏心悦目的色彩,还可以根据不同季节或主人心情,随时进行调整。它不仅是住宅中一道亮丽的风景,还是增加生活舒适度的最好配置,在烘托整体家居氛围方面,或清新自然、或典雅华丽、或高调浪漫,有着不可低估的装饰作用。

住宅室内布艺织物包括窗帘、地毯、家具蒙面织物、靠枕、床上用品等,其种类多、用途广,既有实用性,又有很强的装饰性。

一、窗帘

窗帘的主要功能是调节光线、温度、声音及视线,加强空间的私密性和安全感,起到防尘、挡风等作用,还能给空间增添装饰韵味,塑造装饰风格,营造环境氛围。窗帘在房间中悬挂于夺目之处,对装饰效果影响很大,所以对其的选择和陈设十分重要。运用得当,能锦上添花;运用不好,就难免功亏一篑。

1. 窗帘的构成

通常一套完整的窗帘装饰由帘体、窗轨、配件和辅料三部分组成(图6-2-1)。

① 帘体包括窗幔、窗身、窗纱。窗幔是挂在窗口处的幔子,一般都是在窗户上面或者窗

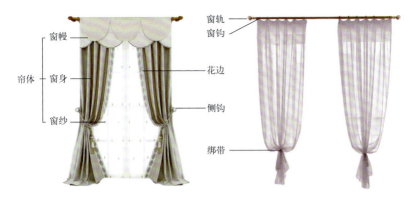

图6-2-1 窗帘的基本构成

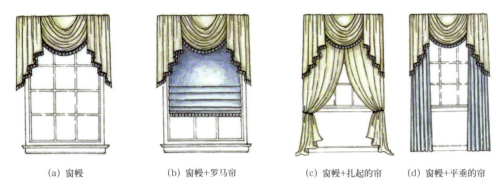

(a) 窗幔　　　　(b) 窗幔+罗马帘　　　　(c) 窗幔+扎起的帘　　　　(d) 窗幔+平垂的帘

图6-2-2 窗幔的四种基础搭配方式

帘上面。它是一种窗饰，有固定的褶皱幔，款式丰富多样，有直边窗幔、曲线条窗幔、旗型窗幔、花边窗幔、波浪窗幔等款式。窗幔与窗身、窗纱的搭配需要根据实际需求来选择（图6-2-2）。

② 窗轨包括罗马杆、直轨、弯轨等。窗轨会影响窗帘的开合顺畅度。

③ 配件有侧钩、窗钩、配重物等；辅料包括绑带、花边等。

2. 窗帘样式、材质的选择与搭配

窗帘样式有很多，不同的窗帘样式有不同的美感特征，适用于不同的装饰风格。不同风格、样式窗帘的组成部分有所不同，比如幔头样式和帘幔底部样式，这两者很大程度上决定了窗帘的风格。不同装修风格选配的窗帘样式有很大的区别。在实际设计中，窗帘样式的选择取决于装饰风格和个人喜好，可简可繁。

按照面料材质来分，目前市场上窗帘的主要材质有聚酯纤维、混纺、棉麻、雪尼尔、丝绒和真丝等（表6-2-1）。不同的材质、纹理、颜色、图案等综合起来就形成了不同风格的窗帘，不同的装修风格选配的窗帘材质、颜色、图案也有很大的区别。

表6-2-1　不同窗帘材质的特点

材质	特点
聚酯纤维	比较平滑，不易缩水，易打理，色彩光鲜
混纺材质	聚酯纤维与棉组合，综合两者优点，垂感好，款式丰富，可以机洗
棉麻面料	天然环保，有亲和力，但垂感一般，且容易缩水，不能机洗
真丝、仿丝	色泽莹润，华雅贵气，但不平滑，垂性一般
丝绒、雪尼尔	手感柔软，舒适顺滑，雅致大气，垂感好

(1) 简洁款窗帘

简约风格、北欧现代风格等在选择窗帘时，样式通常不必很复杂，选择最基本的款式即可。如果没有窗帘盒，可以选择窗帘杆，搭配单色布帘与纱帘，不需要帘头、花边等修饰，如图6-2-3（a）所示。

(2) 欧式窗帘

如果装修是欧式等奢华风格，常规的简洁款就不适合了。可选择曲式垂花帷幔窗帘，使用窗幔和花边装饰。材质可用丝质、绒面，以及印花绣花等较为奢华的面料，如图6-2-3（b）所示。

(3) 直边帷幔窗帘

除了简洁款和复杂的欧式款，直边帷幔窗帘也较为常见。该款式比较适用于中式和新中式风格，造型简洁，立体感很强，如图6-2-3（c）所示。

(4) 曲线条帷幔窗帘

样式也有很多种，如莲花式、波浪式等。简洁而优雅的造型比较适合卧室、孩子房等空间，如图6-2-3（d）所示。

(5) 旗型帷幔窗帘

是新古典风格中常用的样式，造型大方而整体，庄严中有着历史文化气息，材质选择质朴或奢华都可以，是很容易出彩的一款窗帘，如图6-2-3（e）所示。

(6) 花边帷幔窗帘

是很百搭的款式，具有贵族气质的同时也很简洁，适合放在女儿房或简欧风格的客厅，如图6-2-3（f）所示。

(7) 波浪帷幔窗帘

比较适合欧式或新古典风格的款式，加上一点流苏和吊坠装饰，奢华而不落俗套，如图6-2-3（g）所示。

窗帘在整体软装的搭配中并不是主角，其实它和墙面一样是背景的作用。在选择窗帘时，切忌单看窗帘是否好看。如果不考虑整体效果，就很难选到合适的窗帘（图6-2-4～图6-2-6）。

(a) 简洁款窗帘搭配　　(b) 欧式窗帘搭配

(c) 直边帷幔窗帘搭配　　(d) 曲线条帷幔窗帘搭配

(e) 旗型帷幔窗帘搭配　　(f) 花边帷幔窗帘搭配

(g) 波浪帷幔窗帘搭配

图6-2-3　不同窗帘样式的搭配

图6-2-4　欧式风格中波浪帷幔窗帘陈设

图6-2-5　新中式风格中直边帷幔窗帘陈设

模块六　软装陈设设计　205

二、地毯

地毯具有防潮、隔热、吸声等多种性能，并富有弹性，能为人们提供舒适的室内环境。另外，地毯还具有很强的装饰性，其色彩、图案和质地都可以根据不同的环境进行配置。

暖色调地毯使人感觉温暖，会使空间显得小些；冷色调地毯给人宁静、安逸、宽敞的感觉；深色和浅色地毯容易显出脚印和尘土；在人流量大的地方，地毯易脏，因此应选择色彩适中、质地粗糙、弹性好的地毯。色彩鲜艳、图案别致的地毯在室内尤其引人注目，具有提示和创造象征性限定空间的作用（图6-2-7）。

地毯的铺设有满铺、局部铺两种形式。

（1）地面满铺地毯

用地毯遮盖房间整个地面，一般常使用素色或图案变化不大的地毯。

（2）地面局部铺设地毯

为了满足一些特殊要求，在房间局部位置放置地毯，如在床前、化妆台前、沙发茶几下等。局部铺设的地毯往往选用色彩图案丰富醒目、艺术性较强的款式，以起到集聚视线、强调局部空间的作用（图6-2-8、图6-2-9）。

图6-2-6 现代极简风格中窗帘的选择与陈设

图6-2-7 图案别致的地毯能引人注目，具有提示和创造象征性限定空间的作用

三、家具蒙面织物

家具蒙面织物主要包括桌、椅、凳、沙发等家具的固定蒙面织物，如桌布、沙发套、沙

图6-2-8 地面局部铺设地毯可以起到集聚视线、强调局部空间的作用

图6-2-9 欧式风格装饰中的地毯陈设

图6-2-10　沙发蒙面织物

发披巾、坐垫、靠垫等。

　　家具蒙面织物的主要功能是保护被蒙物，延长其使用寿命，防护卫生，同时也起到装饰作用。选配蒙面织物时应考虑耐磨、耐拉、耐脏、防污、易清洁等功能要求。如桌布宜选用耐洗、耐烫的织物；桌裙宜选用装饰性强、材质垂感好的织物；而坐垫、靠垫需要能够调节人体坐卧姿势，令人舒适，并能装点环境气氛。在蒙面织物的图案、色彩选择上，也要注意与整体装饰风格相协调，与室内色彩相协调（图6-2-10～图6-2-13）。

图6-2-11　桌布为空间增添了生活情趣和浪漫氛围

图6-2-12　桌布大小应视桌面大小而定，以能垂到椅座的高度为宜

图6-2-13　座椅蒙面织物令人舒适，并能装点环境气氛

四、床品布艺

　　床品布艺主要包括床幔、床帐、床罩、床单、被套、枕套、枕巾等。

　　床品布艺与人体直接接触，因此宜选用舒适、柔软、轻巧的棉、毛、丝织品。床幔、床帐要求有悬垂感，宜选用垂感好的织物面料，以体现典雅的室内风格。床上用品对卧室内的装饰效果影响很大，可以根据四季变换选择不同的材质、色彩、图案，以调节不同季节给人们带来的视觉感受（图6-2-14～图6-2-16）。

图6-2-14　现代简约风格床品布艺陈设

图6-2-15 新中式风格床品布艺陈设

图6-2-16 现代轻奢风格床品布艺陈设

任务实操训练 ▶▶▶

一、任务内容

以某住宅装饰装修项目为例(见附录),依据设计风格定位、空间使用性质及需求,合理地选用织物布艺品,完成主要房间效果图设计。

二、任务要求

① 准确把握不同风格织物布艺品的特征,合理选用织物布艺品。
② 合理完成织物布艺品的陈设与布置。
③ 设计绘制主要房间效果图。

任务三 装饰艺术品的选择与陈设

> 教学目标：掌握绘画、书法、摄影作品，以及工艺美术品的选择与陈设方法；能够依据设计风格定位、空间使用性质及需求，合理地选择、陈设装饰艺术品。
> 教学重点：绘画、书法、摄影作品的选择与陈设；工艺美术品的选择与陈设。

【专业知识学习】

装饰艺术品的陈设一般具有很强的精神功能。它们以独特的艺术表现形式、丰富的色彩、深刻的内涵装饰空间，渲染环境气氛，强化室内空间特点，增添审美情趣，陶冶情操，助力实现室内环境装饰的整体统一，在室内装饰中起着画龙点睛的作用。

一、选品与陈设要点

如果不适当的装饰艺术品陈列在室内，不但达不到装饰效果，而且会破坏室内环境的精神品格。装饰艺术品的选择与陈设需注意以下要点。

① 选择艺术品、工艺品时，须注意作品的主题是否和整体环境的装饰主题相一致。
② 须注意作品的造型表现形式、色彩是否和室内环境相和谐。
③ 须注意作品内涵是否能为室内环境创造出相符合的文化氛围。
④ 须注意作品的风格是否与空间装饰风格一致。

装饰艺术品的陈设一般是用来形成视觉焦点的。因此，在摆放时要考虑艺术品与人流动线的关系，既要让人们关注空间所表达的主题，又不要影响人在空间中的行为活动。例如，在陈设平面类的艺术品时，要考虑到人的视觉高度、角度、位置的舒适性，又要考虑艺术品的体量；在陈设立体类艺术品时，要考虑其体量给人带来的视觉感受。

二、绘画、书法、摄影作品的选择与陈设

1. 绘画、书法、摄影作品的艺术特征

（1）国画

中国画简称国画，是具有悠久历史和优秀文化传统的中华民族绘画，也称宣画、丹青。

国画按题材可分为人物、山水、花鸟等，根据表现形式可分为工笔、写意，按其使用材料和表现方法大致上可分为白描、水墨、设色三种。国画中的设色又分为淡彩和重彩。

工笔画工整细致，注重线条美，一丝不苟；写意画纵笔挥洒，墨彩飞扬，主张神似、用意第一，有意忽略艺术形象的外在逼真性，而强调其内在精神实质的表现，比工笔画更能体现所描绘景物的神韵，也更能直接抒发作者的感情。

中国画用水和墨调配成不同深浅的墨色作画，由墨色的焦、浓、重、淡、清产生的丰富变化表现物象。"墨即是色""墨分五彩"，墨的浓淡变化就是色的层次变化，色彩缤纷可以用多层次的水墨色度代替。

中国画取景布局视野宽广，不拘泥于焦点透视。有壁画、屏障、卷轴、册页、扇面等画幅形式，并以特有的装裱工艺装潢画幅。

中国画强调"外师造化，中得心源"，要求"意存笔先，画尽意在"，"以形写神，形神兼备"。由于"书画同源"以及两者在达意抒情上都通过笔墨来体现，因此绘画同诗文、书法以至篆刻相互影响，日益结合，形成了显著的艺术特征。

中国画是几千年来发展形成的传统国粹，其特有的画法、画风及意境表达是其他艺术品不能与之相比拟的，其画风高雅、清新，常具有很深的文化内涵和表现意境，适合布置在雅致、清静的中式空间环境中（图6-3-1～图6-3-4）。

图6-3-1 成组陈设的中式装饰挂画

图6-3-2 新中式风格中水墨淡彩装饰画陈设

（2）书法

书法是中国及深受中国文化影响的周边国家和地区特有的一种文字艺术表现形式。

书法是书写艺术，以汉字为载体，按照文字特点及其含义，以其书体笔法、结构和章法书写，使之成为富有美感的艺术作品。汉字书法为汉族独创的表现艺术，被誉为"无言的诗，

图6-3-3 新中式风格中水墨画陈设

图6-3-4 新中式风格中常见圆形装裱的装饰挂画

图6-3-5 中式风格客厅沙发背景墙上陈设书法卷轴

无行的舞,无图的画,无声的乐"。

中国书法历史悠久,书体沿革流变。从甲骨文、金文演变为大篆、小篆、隶书,至东汉、魏、晋的草书、楷书、行书诸体,书法一直散发着独特的艺术魅力。

在中式风格的室内装饰中,陈设书法作品能充分体现出中国传统美学精神(图6-3-5、图6-3-6)。

(3) 油画

油画是西洋画的主要画种之一。其发展过程可分为古典、近代、现代几个时期，不同时期的油画受时代的艺术思想支配和技法的制约，呈现出不同的面貌和多样的表现方法。大体可分为两大流派，一是以客观再现为主，二是以主观表现为主。

① 以客观再现为主的流派，如古典主义、浪漫主义、现实主义、写实主义、照相写实主义、印象主义等都是以再现客观对象为基础的。

② 以主观表现为主的流派，如后印象主义、野兽派、立体主义、未来主义、抽象主义、超现实主义等，它们不再注重对客观对象的真实再现描绘，而是注重主观意图的自由表现，大多出现在20世纪以后。

图6-3-6　以《兰亭序》书法片段作为镂刻端景，虚透竹影，引雀停留，意境悠长

图6-3-7　传统欧式装饰风格空间中陈设的古典油画

传统油画以肖像、风景为主要表现内容，往往表达出深沉凝重的内涵，需与室内其他够分量的陈设结合在一起方能协调，适合用在传统装饰风格空间中；而现代绘画却常表现出轻松自如的风格，适合与现代风格的室内装饰相搭配。

在选择一幅油画作品时，主要从作品的思想内容和艺术技巧两个方面考虑。另外，油画的材料本身具有区别于水墨画、版画、水彩的特点，油画特有的质感和肌理美也是选品和陈设时的考虑因素。

欧式装饰风格空间中的油画装饰陈设如图6-3-7～图6-3-10所示。

图6-3-8 欧式装饰风格中用巨幅油画表现壁画的装饰效果

图6-3-9 现代欧式装饰风格中的油画陈设

图6-3-10 现代简约风格中以主观表现为主的油画陈设

(4) 摄影

摄影艺术是一个较为年轻的艺术门类，它与时代的发展和科技的进步紧密相关。摄影艺术对现实高度概括，源于生活而高于生活。摄影的表达方式多种多样，可以表达风光、静物、人像，也可以表达纪实、民俗、观念。

在室内装饰中，陈设摄影艺术作品较为常见。摄影作品题材众多，风格迥异，或写实或抽象，或复古或现代，或华丽或素雅。摄影作品与中国画、油画等相比较，少了历史的沉积感，多了现代时尚感，因此要根据不同空间的气场合理搭配（图6-3-11、图6-3-12）。

2. 选画与挂画技巧

绘画艺术品在空间中的运用讲究搭配技巧。选画和挂画布置是两个主要的环节，它们都

图6-3-11 室内装饰中摄影作品的成组陈列

图6-3-12 现代风格装饰中陈设摄影作品会增强空间的时尚气息

模块六 软装陈设设计 | 215

是充满激情与想象的创作体验，也是理性与感性的交融和平衡。

(1) 选画

选画主要根据家居的装饰风格来确定。主要考虑画的风格种类，画框的材质、造型，画的色彩等方面因素。

中式风格空间可以选择国画、书法、漆画等；现代风格空间可以搭配一些现代题材或抽象题材的装饰画；田园风格空间可搭配花卉或风景题材的装饰画；欧式古典风格空间可搭配西方古典油画。

画框样式多样，有方形、圆形，有造型复杂的雕花款，也有造型简洁的直线型款；画框材质也有很多种，有木线条、聚氨酯塑料发泡线条、金属线条等。画框样式应根据实际需要搭配，画框的颜色需要根据画面色彩选配。例如，圆形画框在中式风格中应用广泛，雕花款画框常配西方古典油画，造型简洁的直线型款画框常用在现代绘画作品的装裱上；木本色画框能表达厚重与质朴，金色画框呈现奢华气质。

装饰画的色彩要与环境主色调搭配。一般情况下忌色彩对比过于强烈，也忌画品色彩与室内配色完全孤立，要尽量做到色彩的有机呼应。常用的方法是：画品色彩主色从主要家具中提取，点缀的辅色可以从饰品中提取（图6-3-13）。

画品数量的选择应坚持"宁少勿多、宁缺毋滥"的原则，在同一个空间环境里形成一两个视觉点即可。如果要在一个视觉空间里同时安排几幅画，就必须考虑它们之间的疏密关系和内在联系，关系密切的几幅画可以按成组的形式排列（图6-3-14）。

图6-3-13 装饰画中的黄色与墙面壁纸呼应，蓝色与餐桌上的花瓶色彩呼应

(2) 挂画和布置

挂画方式直接影响情感表达和空间协调，挂画首先应选择好位置，画要挂在引人注目的墙面或者开阔的地方，避免挂在房间的角落或者有阴影的地方（图6-3-15）。

图6-3-14 沙发背景墙上成组布置的装饰画

图6-3-15　画品恰到好处的陈设高度有宜于形成视觉焦点

控制挂画高度是为了便于欣赏，一般适宜挂画的高度是画的中心距离地面1.5m高处；也可根据主人的身高作为参考，画的中心位置在主人双眼平视高度再往上100～250mm的高度为宜；挂画的高度还需要根据周围摆设物确定，一般以摆设的工艺品高度和面积不超过画品的1/3为宜，并且不能阻挡画品的主要表现点。挂画高度的控制是灵活多变的，在实际操作中，需要根据画品的大小、类型、内容、空间环境等实际情况来进行操作，需要不断尝试、调整。

三、工艺美术品的选择与陈设

工艺美术品是以美术工艺制成的各种与实用功能相结合并具有欣赏价值的物品。其品类繁多，包括陶瓷工艺品、雕塑工艺品、玉器、织锦、刺绣、印染手工艺品、编织工艺品、漆器、金属工艺品、工艺画、皮雕画等。工艺美术品的生产随历史时期、地理环境、经济条件、文化技术水平、民族习尚和审美取向的不同而表现出不同的风格特色。

瓷器的发明是中华民族对世界文明的伟大贡献。陶瓷工艺品有传统风格的，也有采用现代工艺加工而成的，形式多样，色彩雅致，釉面细腻，适合各种环境的摆放和陈设。

景泰蓝是中国金属工艺品中的重要品类，正名"铜胎掐丝珐琅"，俗名"珐蓝"，又称"嵌珐琅"。景泰蓝的制作既运用了青铜和瓷器工艺，又融入了传统手工绘画和雕刻技艺，堪称中国传统工艺的集大成者，是我国传统文化中的艺术瑰宝，在室内摆放，不但能装饰环境，还有一定的收藏价值。

玉石雕、象牙雕和贝雕处处透着高贵典雅；木雕、竹雕的制作材料都是就地选取，经过雕刻加工，陈列在室内很有乡野的自然纯朴感。

漆器、彩塑、民间布艺、剪纸等，都具有很高的观赏价值，在室内摆放挂饰，会散发出浓郁的民族气息。

工艺品在艺术气质上有其独特的体现方式，可以丰富室内的设计感，使空间更加饱和。摆放工艺品要注意"适当"，无论在位置上还是数量上都要适当，数量太少显得单调空荡，数量太多显得杂乱无品。在造型色彩上也要与整体室内装饰风格相协调（图6-3-16～图6-3-20）。

图6-3-16 雕塑能增添空间的艺术特质

图6-3-17 新中式风格装饰空间中禅意优雅的工艺品摆件

图6-3-18 现代欧式风格装饰空间工艺品的陈设

图6-3-19 美式风格装饰空间工艺品的陈设

图6-3-20 现代风格装饰空间工艺品的陈设

任务实操训练 ▶▶▶

一、任务内容

以某住宅装饰装修项目为例（见附录），依据设计风格定位、空间使用性质及需求，合理地选用艺术品与工艺品，完成主要房间效果图设计。

二、任务要求

① 准确把握不同风格装饰艺术品的特征，合理选择装饰艺术品。
② 合理完成装饰艺术品的陈设与布置。
③ 设计绘制主要房间效果图，充分展示装饰效果。

任务四　花卉绿植的选择与陈设

> **教学目标**：了解花卉绿植的装饰性与功能性作用；掌握常见绿植的选择与陈设；掌握不同功能区绿植的选择与陈设；能够依据设计风格定位、空间使用性质及需求，合理地选用花卉绿植，完成主要房间的花卉绿植陈设设计。
>
> **教学重点**：常见绿植的选择与陈设；不同功能区绿植的选择与陈设。

【专业知识学习】

一、花卉绿植的装饰性与功能性作用

花卉绿植作为一种独特的陈设，兼备装饰性陈设和功能性陈设的性质，与其他陈设品相比更具有生机和活力。其装饰性与功能性作用主要有以下四方面（图6-4-1～图6-4-3）。

① 花卉绿植具有无需装饰的天然美感，其与生俱来的形体美、线条美、色彩美和生命美特性就具有良好的观赏价值。

② 植物与室内环境通过恰当配置，可共同构建起有机结合的装饰环境。花卉绿植是"流

图6-4-1　住宅室内绿植的陈设

图6-4-2 用植物的绿色调节空间色彩的冷暖关系　　图6-4-3 绿植对创造空间的亲切自然气氛有重要作用

动的雕塑",可根据喜好和季节的变化,挪动位置或更换品种。对于死角、拐角和其他不易设计的空间,借助花卉绿植的陈设,能补充色彩,完善空间构图,还能有助于打破室内直线条装饰的生硬、呆板,使环境充满生机,增强整体环境的表现力和感染力。

③ 绿植陈设可以起到空间划分、区域暗示的作用,也可以建立空间联系和过渡的作用。

④ 花卉绿植具有清除室内有毒气体、滞尘杀菌、调节温度和湿度、调节碳氧平衡、阻光隔声等功能,对物理环境有积极的调控作用,能有效改善环境质量。

二、常见绿植的选择与陈设

用于住宅室内陈设的绿植主要有盆栽、盆景、插花三类。在陈设绿植时,需要注意以下三点。

① 选择绿植时要注意其形态、色彩及寓意。
② 陈设绿植时要注意其摆放位置及陈列展示方式。
③ 陈设绿植时要考虑绿植的生态习性,注意其对环境的调控作用。

1. 盆栽

住宅空间中经常选用盆栽作为室内陈设,常见有观叶盆栽、观花盆栽、观果盆栽、蔓藤盆栽等。

盆栽的摆放形式多样,可置于地面、窗台、案头和茶几之上,也可悬挂、缠绕于格架上,用于装饰点缀空间;还可置于室内的一隅,如墙壁或家具形成的空间死角,从而起到柔化空间硬角、完善空间构图的作用。盆栽植物的布置应与室内空间大小相协调,还需考虑植物自身的生态特性,选择有利于人体健康的植物(图6-4-4、图6-4-5)。

图6-4-4 在墙角处或摆放家具形成的死角空间处陈设绿植

图6-4-5 通过摆放绿植调节空间画面构图的均衡关系

图6-4-6 盆景的构图要富于变化,生动有致,切不可矫揉造作

2. 盆景

盆景起源于中国,是中国优秀传统艺术之一,是诗、画、园艺、美学、雕塑、制陶等学科技艺交融结合而成的一门技艺。它以植物、山石、土、水等为材料,经过艺术创作和园艺栽培,在盆中典型、集中地塑造表现自然景观。盆景一般分为树木盆景和山水盆景两大类,前者以树木为主要材料,后者较多地应用山石、水、土等材料(图6-4-6、图6-4-7)。

图6-4-7 盆景艺术贵在自然,小中见大

盆景具有小中见大的艺术效果,寓无限于有限之中。同时以景抒怀,表现深远的意境,犹如立体的、美丽的缩小版山水风景。盆景把现实和幻想、抒情与寓意、人为与自然巧妙地融汇在一个画面中,呈现出"无声的诗""立体的画""缩地千里""缩龙成寸"的独特魅力。

盆景陈设要适合室内环境的氛围,应根据不同的环境氛围选择不同内容和形式的盆景。大多数盆景应摆放在人站立时的视平线高度处,通常盆景的位置都是在人的视觉焦点或者中心位置。另外,盆景大多是深色,因此摆放盆景的背景要选择淡色调,不宜有任何复杂的物象或图案,以此来突出盆景的视觉效果(图6-4-8)。

图6-4-8 盆景是新中式风格装饰中的常见要素

3.插花

插花是花与艺术的结合，源于花而美于花，是集众花卉自然之精华，经过再加工，以展示其最美一面的艺术。插花讲究以形传神，形神兼备，是一种融生活、艺术、知识于一体的艺术创作。

依风格不同，插花分为东方式插花、西方式插花和自由式插花三类。

（1）东方式插花

以中国和日本为代表。东方式插花讲究自然纯朴、高贵含蓄，同时又有很深的寓意，讲究虚实相生的意境美。东方式插花像中国的山水画一样讲求神韵，不求花材的数量繁多，选用花材简练，以姿为美，善于利用花材的自然形态及其表达的意境美，有时几枝花就使整体栩栩如生。东方式插花以线条的造型为主，以姿态的奇特、优美而取胜，讲究自然清新，达到"虽由人作，宛如天成"的效果。色彩上大多只用两三种花色，多运用对比色，整体简洁明了，常用容器的色调来反衬（图6-4-9）。

（2）西方式插花

也称欧式插花，它的特点是注重花材外形，追求块面和群体的艺术魅力，多运用几何构图，常以对称式、均齐式出现，整体造型多为半球形、椭圆形、金字塔形和扇面形等；强调

图6-4-9 东方式插花

图6-4-10　西方式插花

图6-4-11　自由式插花

装饰的丰满性，花材种类多、用量大，花色丰富，色彩艳丽浓厚且对比强烈，表现出富贵繁荣、雍容华贵的景象（图6-4-10）。

（3）自由式插花

是东方式插花与西方式插花的结合。现代自由式插花的选材、构思、造型更加广泛自由，具有现代艺术抽象、自由、强调对比的特点（图6-4-11）。

插花的目的是引起观赏者心灵上的共鸣，其要素主要包括三点：一是选取什么花材，表达什么主题，即立意；二是如何配置花材才能充分表现各自的美，即构图；三是选择与花材和构图相配合的器皿，即插器。只有三者做到有机结合，作品才能给人以美的感受，才有可能引起观赏者的情感共鸣（图6-4-12）。

三、不同功能区绿植的选择与陈设

1.客厅

客厅绿植的选择与陈设应注意以下要点。

① 客厅是家庭中最常放置绿植的空间，盆栽植物、盆景和插花都是客厅中常见的饰物，很多重要的、具有较高美学效果的绿植一般都放置在客厅。

图6-4-12　插花是住宅装饰中的常见要素

图6-4-13 通过落地玻璃窗将室内绿植陈设与户外园林景观巧妙地融为一体

图6-4-14 某中式住宅玄关处的绿植陈设大小、高低呼应,轻重均衡

图6-4-15 现代风格住宅的绿植陈设一般较为简洁,在南向近窗处摆放绿植有利于植物接受更多的光照,利于生长

② 客厅中常利用植物高低错落的自然状态来协调空间的画面构图,对创造空间氛围、调节均衡感、丰富空间层次有重要作用。

③ 对于面积较大的客厅,可以将绿植放置在阳台的两侧,这样既不会影响视线,又不会妨碍通行,同时还有利于植物接受更多的光照,利于生长。

④ 大面积客厅的沙发旁或墙角可摆放大型或中型观叶植物;小面积客厅不宜放置大型盆栽植物,以免造成空间过度拥挤。

⑤ 茶几和橱柜上可放置盆花、盆景、插花等,蔓藤类植物宜放置在博物架、立柜、电视橱等位置较高的地方。

⑥ 客厅讲究光线充足,应避免绿植摆放太过浓密,以免遮挡光线、视线。

客厅的绿植陈设如图6-4-13～图6-4-16所示。

（a）欧式风格住宅客厅中的花艺绿植装饰　　　　（b）田园风格住宅客厅中的花艺绿植装饰

图6-4-16　欧式风格、田园风格喜欢用花艺绿植装饰，不仅能突出风格特点，营造轻松自然的氛围，显示自然的美丽和生活的美好，也可以带给人一种健康的气息。

2. 卧室

卧室绿植的选择与陈设应注意以下要点。

① 卧室中放置的植物应有助于提升休息与睡眠的质量，要避免摆放有毒有害的植物。

② 卧室中放置的植物，花香不宜太浓，否则会使人难以入眠。如百合花、兰花散发出的香气会引起人的失眠，夜来香散发出的香味会使人头晕目眩。

③ 卧室中可以放置一些水培植物，有利于增加湿度、保持室内清洁。

④ 卧室面积有限，应以中小型盆栽为主，不宜摆放大型盆栽植物。大型盆栽植物会给人造成压迫感，影响人的睡眠，而且卧室的幽闭环境也不适合大型盆栽植物的生长。

⑤ 面积较小的卧室中，可选择吊挂式的盆栽，或将植物套上精美的套盆后摆放在窗台或化妆台上，以节省空间。

⑥ 应根据卧室朝向的不同选择植物。位于阳面的卧室，可在近窗台处放置喜阳的植物，而阴面的卧室则适合放置耐阴湿的植物。

⑦ 儿童房内不宜放置仙人掌等带有针刺的植物，以免对儿童造成不必要的伤害。

⑧ 老人房内不宜放置夜晚吸收氧气较多的植物。大部分绿植在白天进行光合作用，吸收二氧化碳，释放出氧气，而在晚上会释放出二氧化碳，比如常见的绿萝，所以在卧室里不要放太多。

卧室的绿植陈设如图6-4-17所示。

图6-4-17 卧室的绿植陈设宜少而精,以小体量绿植为主

3. 书房

书房绿植的选择与陈设应注意以下要点。

① 书房是阅读、写作的地方,文化气息浓郁,要求植物有安神静气的作用,因此,常以文静、秀美、雅致的植物来装饰。例如,将文竹、吊兰、君子兰等植物放置在书桌或者书架上面,不仅美观大方,还能增添书房内的优雅气氛,缓解视觉疲劳。

② 在电脑桌上放置蕨类植物,可以吸收电脑显示器、打印机以及吸烟释放的有害物质。

③ 面积较小的书房,宜选择娇小玲珑、姿态优美的小型植物。或置于案头,或摆放窗前,这样布置既不拥挤也不空虚,可与空间大小和谐搭配。

④ 书房的书橱、书架中以及书桌上摆放盆景、插花是比较适宜的,在墙上或柱上挂置鲜花、竹篮或其他花器会增加室内的自然气息。

⑤ 书房忌放藤类盆景,否则易让房间潮湿。

书房绿植陈设如图6-4-18所示。

图6-4-18　书房绿植陈设

4.厨房

厨房绿植的选择与陈设应注意以下要点。

① 厨房是主人操作比较频繁、物品比较零碎的地方，一般不适合放大型盆栽，而应选用体积小的植物，吊挂式盆栽植物也较为适合。

② 厨房一般都是朝向阴面，接受阳光比较少，且湿度较大，油烟重，应选择的植物要能喜阴耐湿并耐油烟。

③ 厨房家电在使用过程中会释放一些有害气体，绿植可以吸收一部分，对健康有利。例如，在厨房摆上一盆吊兰，可以吸收一氧化碳、二氧化碳、氮氧化物等有害气体，起到空气过滤器的作用。

厨房绿植陈设如图6-4-19所示。

5.卫生间

卫生间绿植的选择与陈设应注意以下要点。

① 卫生间湿气大，应该配置一些耐湿性的绿色植物。

② 一般卫生间不宜放置大型植物，宜选择小型盆栽来点缀。

卫生间绿植陈设如图6-4-20所示。

图6-4-19　厨房绿植陈设

图6-4-20　卫生间绿植陈设

任务实操训练 ▶▶▶

一、任务内容

以某住宅装饰装修项目为例（见附录），依据设计风格定位、空间使用性质及需求，合理地选用花卉绿植，完成主要房间效果图设计。

二、任务要求

① 准确把握花卉绿植的装饰性与功能性作用，合理选择花卉绿植。

② 合理完成花卉绿植的陈设与布置。

③ 设计绘制主要房间效果图，充分展示出装饰效果。

模块七

灯饰与照明设计

> 教学目标：了解室内照明方式；掌握光束角度、色温、灯具位置与间距的选择；掌握客厅、餐厅、书房、卧室、厨房、卫生间的照明设计方法；能够依据设计风格定位、空间使用性质及需求，科学合理地选用灯饰品，布置光源位置，完成照明设计，绘制顶棚灯具布置图、装饰设计立面图及效果图。
>
> 教学重点：光束角度、色温、灯具位置与间距的选择；客厅、餐厅、书房、卧室、厨房、卫生间的照明设计方法。

【专业知识学习】

灯与光的设计已成为现代住宅室内设计的重要组成部分，通过灯与光的设计可以很好地渲染空间色彩，烘托气氛，传递情感，丰富空间层次。住宅室内照明设计除了要满足功能性要求外，还要注重光照效果的装饰性。照明设计不仅仅是选灯，更是兼具技术性和艺术性的工作。

一、室内照明方式

依照不同的设计手法，室内照明方式可初步分为直接照明与间接照明，在应用上还可细分成半直接照明、半间接照明。一个空间中可以运用不同照明方式的交错设计呈现出所需的光线氛围（图7-1、图7-2）。

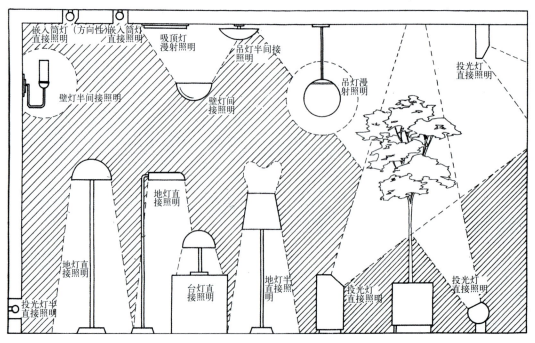

图7-1　照明方式

图7-2 不同照明方式的交错设计呈现出所需的灯光氛围

1. 直接照明

直接照明就是光线通过灯具射出后能直接到达工作面上，一般是上方0～10%、下方100%～90%的配光。直接照明的优点就在于它能够让空间产生强烈的明暗对比，呈现出有趣生动的光影效果，但由于亮度较高，很容易产生眩光，所以灯具的发光角度要合理。

2. 间接照明

间接照明是将光源遮蔽而产生间接光的照明方式，光照通过天棚、墙面、地板等将光源反射后的一种照明效果，不是直接将光源投向被照物，常见配光为上方90%～100%、下方10%～0。间接照明一般不做主照明使用，多与其他照明方式配合使用，它主要起装饰作用，可以增加空间艺术感。

二、光束角度、色温、灯具位置与间距的选择

在家居环境的照明设计中，灯具的光束角以及色温、灯具的安装位置和布置间距是很重要的考虑因素。

1. 光束角

光源的正下方通常是最亮的，从光源强度最强的主轴到两侧发光强度50%位置之间构成的夹角就是光束角。同一个光源光束角越大，中心光强越小，出来的光斑就越柔和；光束角越小，中心光强越大，出来的光斑就越生硬。

一般来说，筒灯、射灯的光束角在10°～60°范围内，常见的有10°、15°、24°、36°、60°等；吸顶灯的光束角为140°左右。在家居空间中，用于重点照明的筒灯、射灯最常用到的光束角是24°（图7-3）。

不同光束角营造的空间氛围是不同的。

① 10°～20°的窄光束角。因为中心光强突出，光斑范围相对比较小，所以一般适合用来做重点照明，比如需要照亮一个很精致的摆件装饰品，制造一些华丽氛围，就可以选用窄光束角的灯具。

② 24°～45°的宽光束角。可以用来洗墙或进行局部照明，灯光擦向墙面，洗墙

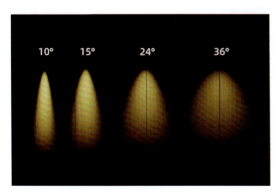

图7-3 不同光束角的光照效果

而下,有拉高天花的感觉,可减少空间的闭塞感。

③ 50°～60°的超宽光束角。照射到地面的光线会更分散,明暗层次没有那么明显,适合用来提供环境光照明。

没有哪种光束角是最好的,只有合适与否。窄光束角的灯,一般来讲防眩功能会比较好,光源照射区域比较小,可以营造不错的空间氛围,但是也会形成比较强的空间亮度对比;宽光束角的灯由于光线相对分散,所以可以在空间中形成均匀照明,不过在空间氛围营造上就会弱一些。所以要根据所设计的不同空间来选择不同的光束角(图7-4～图7-6)。

2. 色温

选购照明灯具时,一般会涉及色温。色温是照明光学中用于定义光源颜色的一个物理量。也可以把色温简单理解为色彩的温度,不同的色温对应不同的颜色(图7-7)。

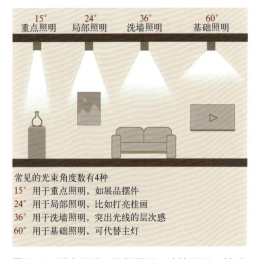

图7-4 重点照明、局部照明、洗墙照明、基础照明的光束角选择

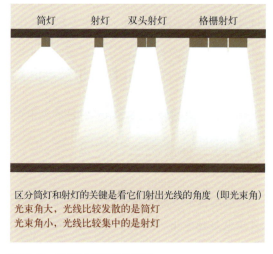

图7-5 射灯与筒灯的光束角

图7-6 窄光束角能够强调、突出被照物

色温的选择需要根据具体用途、位置以及视觉感受去选择，选择合适的色温对于整个室内氛围和视觉效果都是很有帮助的。灯具的色温范围在3000～3500K的为暖白光，能让人放松。在卧室区域，暖色调有利于让大脑平静下来，常选择暖白光；如果色温高、光色太亮，则不利于让大脑平静下来，会影响入睡。色温在4200～4500K的为日光白，能给人以清爽、明亮不压抑的感觉，在客厅、玄关、书房等区域，4000K的光源更合适。色温在5500～6500K范围的为冷白光，色彩还原度高却非常的晃眼，常用在厨房、卫生间区域，因为人们在这些区域需要集中注意力进行精细操作，高色温光源更适合（图7-8、图7-9）。

色温的选择还需要参考家居色调。比如若墙面选用的是色彩漆面，那么高色温的灯源既不会让人有刺眼感，也能最大限度地还原色彩本身的颜色。而若是家里基本上都是实木家具，如黑胡桃、樱桃、白橡这类材质的家具，则搭配较低色温的暖白光更能体现其质感和色泽。

3. 灯具位置与间距

光源到墙面的距离，光源与光源之间的间距不同均会影响光照的效果。就射灯的应用而言，轨道射灯到墙面的常见距离为65～90cm，嵌入式射灯到墙面的常见距离为15～30cm。

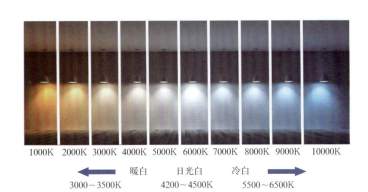

图7-7　不同色温的光色效果

图7-8　较低色温的暖白光营造出温暖而放松的环境氛围

图7-9　较高色温的冷白光用在厨房、卫生间，有利于集中注意力进行精细操作

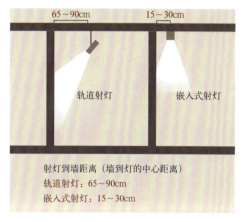

图7-10 射灯到墙的常见距离

无论是轨道射灯还是嵌入式射灯，灯与灯之间的距离建议控制在80～120cm之间，以避免灯光叠加后产生眩光（图7-10、图7-11）。

家居空间中常用到吊灯，吊灯距离地面的高低不同，产生的光照效果也不一样。光源距离地面越高，光线越不集中；光源距离地面越低，光线越聚焦。餐厅吊灯到地面的距离一般为135～155cm，客厅、卧室的主吊灯到地面的距离一般大于220cm，床头的吊灯一般为150～160cm（图7-12、图7-13）。

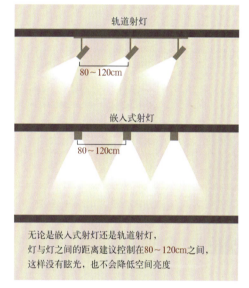

图7-11 灯与灯之间的常见间距

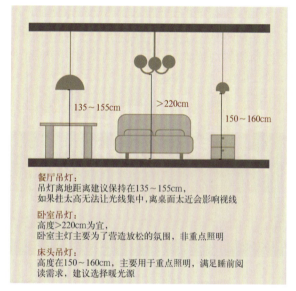

图7-12 各类吊灯到地面的常见距离

图7-11 吊灯到书桌面的合适距离有利于阅读、书写活动距

三、灯饰的装饰性

　　灯饰的装饰性表现在塑造装饰风格、增加空间层次、渲染环境气氛等方面。灯具的选择十分讲究造型、材料、色彩、比例、尺度、光照效果。灯具作为独特的装饰元素，为空间环境营造独特艺术氛围的作用越来越被人们所看重。

　　灯具作为主要的照明载体有吸顶灯、吊灯、台灯、落地灯、投射灯和壁灯等种类。吊灯、吸顶灯多用作一般照明使用；壁灯、台灯、落地灯、投射灯等一般用作局部照明或者辅助照明使用。灯具的装饰性主要体现在所使用的材质效果、造型、装饰色彩、构件组合。这些是从美观性角度来分析。从协调角度看，灯具的布置方位、形式应与空间中的家具陈设和装饰相协调。进行灯饰设计时，在满足照明功能用光的前提下，如果还能给使用者以美的艺术享受就达到了灯饰设计的目的（图7-14～图7-16）。

图7-14　塑造装饰风格——现代感的灯饰营造一种简约精致的韵味

图7-15　增加空间层次——不同灯具及照明方式的组合运用让空间层次更加丰富

图7-16 渲染环境气氛——通过照明调节空间色彩的冷暖，营造出温馨舒适的氛围

在设计和选择灯具的时候，一定要考虑灯饰与整体风格的协调，当然这包括款式、材质、色彩等多方面。比如，在传统中式风格的空间中配以古朴的宫灯、纸灯、羊皮灯；在欧洲古典风格的空间中配以金属装饰造型的发光石材灯具、水晶灯具；在现代简约风格的空间里放置造型简单朴素、具有现代感的灯饰，营造一种简约精致的韵味；等等。

四、不同房间的照明设计

1. 客厅照明设计

客厅的灯光有两个功能：实用性和装饰性。客厅的照明设计必须与室内的装饰、家具的布置相协调，应根据家庭成员的活动范围和交通路线来布置灯具和配光（图7-17、图7-18）。

客厅的功能较多，不同的生活习惯和丰富的空间内涵需要多种照明方式并存。照明设计应是多层次的，以营造不同的空间气氛，产生层次感。除采用吊灯或吸顶灯作为主体照明外，还可采用落地灯、台灯、筒灯、射灯等多种灯具作为局部照明来丰富照明层次（图7-19）。

图7-17　与室内装饰、家具布置相协调的客厅照明设计

图7-18　根据家庭活动范围和交通路线布置灯具和配光

　　　（a）照亮全场　　　　　　　　　（b）打亮挂画　　　　　　　　（c）卧姿阅读局部照明

图7-19　满足不同功能需要的多层次灯光设计

2. 餐厅照明设计

在灯光处理上，餐厅顶部的吊灯或灯棚属于餐厅的主光源，是整体环境的视觉中心。也可以在主光源周围布设辅助灯具，增加照明层次，营造空间氛围（图7-20、图7-21）。

3. 书房照明设计

书房对照明的要求比较高，既要满足阅读、书写和电脑操作的需要，又要考虑陈设、展示的需要。对于灯具的布置要结合工作行为和空间布局的需要进行考虑。全局照明要使光线均匀分布于室内工作区域或书桌平面。书桌上的光源宜明亮，照明面积大。在藏书、展示区域，可以在书架内部设小射灯作为照明。这种照明有助于查阅书籍，提高陈列品展示效果（图7-22～图7-24）。

图7-20　直接照明、间接照明在餐厅中的组合运用　　图7-21　餐厅主光源周围布设辅助灯光可增加照明层次，营造空间氛围

图7-22 以直接照明为主的书房照明设计

图7-23 以间接照明为主的书房照明设计

图7-24 壁龛中的辅助照明既有效补充了照度，又塑造了生动的光影效果

4. 卧室照明设计

卧室是一个让人摆脱劳累，修整身心的空间，因此，卧室的光环境设计应该以温馨、惬意为目的。卧室的灯光照明通常分为一般照明、局部照明和装饰照明三种。一般照明供起居休息使用；局部照明满足梳妆、阅读、更衣收藏、看电视等需求；装饰照明主要用于创造卧室的空间气氛，如浪漫、温馨等氛围（图7-25～图7-27）。

卧室照明设计的基本要求如下。

① 卧室灯光的照度控制要合理，避免过暗或过强的灯光。灯光不足，会给人昏暗、恐怖与阴凉的感觉；灯光过强，直射眼睛，则会让人感觉不适。

② 卧室照明设计要避免灯光"明与暗"之间的突然变化，明暗之间的突然变化会产生明适应或暗适应，让眼睛不舒服。

③ 在进行卧室清扫等活动时，灯光的亮度要足够，并且要照亮全部空间，以便清扫时能够清楚地看到每个区域，不留死角。

④ 在卧室阅读时，床头灯要柔和、亮度适中，满足阅读的需要，使眼睛舒适，保护视力。

⑤ 在卧室看电视时光线的亮度要低，电视机后方的壁灯可以减弱看电视时视觉的明暗反差，使眼睛舒适，保护视力。

⑥ 挑选衣物时要求光线明亮而集中地照射到衣物上，灯光的显色性要好，让衣物呈现真实色彩。

图7-25　一般照明、局部照明和装饰照明在卧室中的组合运用

图7-26　卧室中采用局部照明可丰富空间层次营造空间气氛

图7-27　卧室无主灯照明设计可有效避免顶部眩光

⑦ 梳妆照明要求将光线集中在镜子正前方，以便使光线均匀地照亮脸的每个部位，避免形成任何阴影。光线要柔和、无眩光。光的显色性要好，呈现化妆的真实色彩。

5. 厨房照明设计

厨房的照明可以分为三个层次：一是对厨房的整体照明，主要在厨房顶部布置吸顶灯或吊灯作为主照明；二是对工作中心的集中照明，一般在吊柜下部布置灯光，满足作业中的灯光需求；三是对陈设品的辅助照明，一般在集中陈设展示的柜体中设置灯光，用灯光营造装饰氛围。除此以外，一些厨具设备也自带有照明功能，如抽油烟机自带照明灯，也可以补充作业中的灯光需求（图7-28～图7-30）。

6. 卫生间照明设计

一般卫生间采用整体照明和局部照明相结合的方式。

（1）整体照明

保证光亮，在适当的区域安装合适的照明设备，以满足卫生间里的各种日常活动需求。

图7-28 厨房常在顶部布置吸顶灯或吊灯作为主照明

图7-29 吊柜下部布置灯光可满足作业中的灯光需求

图7-30 抽油烟机设备自带的照明也是厨房照明的有效补充

保证功能性是卫生间照明设计的基本要求。一般光源设计在顶棚中央,光源最好离洗浴区域远些,尽量保证不碰到水源。对于面积比较大的卫生间,顶棚整体照明的理想配置是:在面盆、便器、浴缸的顶部分别安装灯具,使卫生间的每一处关键部位都能被照亮,具体光源数量根据照度需求而定。

(2)局部照明

卫生间有化妆功能需求,常会设置镜前灯,由于对照度和光线角度要求比较高,因此最好设置在化妆镜的两边,其次是顶部。化妆对光源的显色指数也有较高的要求,一般需要选择显色性较好的光源。

追求光照品质的卫生间还应该有部分背景光源,可放在柜(架)内和部分地坪内以增加气氛。其中,地坪附近的光源要注意防水。

卫生间的湿度比较大,应选防水、防雾的灯具。灯具造型可根据个人的兴趣爱好选择,灯具数量不宜过多,安装高度不宜过低,以免发生碰撞等问题。

卫生间灯饰与照明设计,如图7-31~图7-33所示。

图7-31 卫生间灯饰与照明设计1

图7-32 卫生间灯饰与照明设计2

图7-33 卫生间灯饰与照明设计3

任务实操训练 ▶▶▶

一、任务内容

以某住宅装饰装修项目为例（见附录），依据设计风格定位、空间使用性质及需求，科学合理地选用灯饰品，布置光源位置，完成照明设计，绘制顶棚灯具布置图、装饰设计立面图及主要房间效果图。

二、任务要求

① 科学合理地选用、布置灯具。
② 科学合理地完成照明设计。
③ 按照制图规范，使用CAD软件绘制顶棚灯具布置图、装饰设计立面图。
④ 设计绘制主要房间效果图。

模块八

家居生活设备设施的选用

ZHUZHAI
SHINEI SHEJI

> **教学目标**：掌握卫浴设备的选用；掌握厨房设备的选用；了解智能家居设备的选用；能够依据功能设计定位、空间使用性质及需求，科学合理地选用卫浴设备、厨房设备、智能家居设备，完成家居生活设备设施的配置设计。
>
> **教学重点**：卫浴设备的选用；厨房设备的选用。

【专业知识学习】

一、卫浴设备的选用

1. 面盆

面盆的主要类型有立柱式面盆、挂墙式面盆、台盆和组合型洗面化妆柜等。立柱式面盆占用空间较小，面盆下部空间开阔，易于清洗，但缺少储物空间；挂墙式面盆直接将水管包入墙体中或采用半挂式柱脚，节省下部空间，但也缺少储物空间；台盆又分为台上式面盆和台下式面盆，可以定做浴室柜，制作天然石材台面或人造石材台面与之配合使用；组合型洗面化妆柜具有收纳功能，可以利用台面下部柜体储存一些日常洗漱生活用品（图8-1～图8-4）。

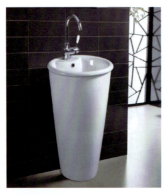

图8-1　立柱式面盆

图8-2　挂墙式面盆

（a）台上式面盆

（b）台下式面盆

图8-3　台盆

图8-4　组合型洗面化妆柜

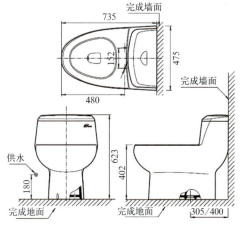

图8-5　常规马桶尺寸

2. 便器

便器分为坐便器和蹲便器，坐便器与蹲便器相比使用更加舒适、省力，是主要使用的类型。坐便器的形式很多，按安装方式可分为落地式和壁挂式；按用途可分为成人型、幼儿型、残疾人专用型、老年人专用型（图8-5）。

为了防止老年人在卫生间滑倒摔伤，出于安全性的考虑，可以在便器旁设置安全扶手。安全扶手分为垂直扶手和水平扶手两种。垂直扶手帮助老年人站立、下蹲、起身，扶手底端距离地面宜为650～700mm，顶端高度宜在1300mm以上，与便器距离以150～250mm为宜；水平扶手帮助老年人行走、移动，距地高度以650～700mm为宜。

3. 浴缸和淋浴设备

浴缸的类型多样，按产品功能分为普通浴缸和按摩浴缸。浴缸的放置形式有搁置式、嵌入式。搁置式是将浴缸搁置在地面，嵌入式是将浴缸嵌入台面中（图8-6、图8-7）。

图8-6 搁置式浴缸　　　　　图8-7 嵌入式浴缸

与浴缸相比，淋浴具有占用空间小、节水、卫生、安装使用方便的特点。淋浴的使用方式有两种：一种是在墙上安装淋浴花洒等设备，同时购买安装淋浴隔断（浴屏），以阻止水溅出；另一种是购买安装成品淋浴房，这类淋浴房会自带花洒、冲浪按摩等设备。目前，受空间大小和生活方式的影响，淋浴仍是现阶段的主要洗浴方式。淋浴房的品种多样，平面形状有正方形、长方形、扇形、钻石形等（图8-8、图8-9）。

图8-8 淋浴隔断（浴屏）

(a) 淋浴房样式1　　　　　　　　　(b) 淋浴房样式2

图8-9　成品淋浴房

洗浴的主要配套设施还有热水器，常用的有电热水器和燃气热水器。电热水器比燃气热水器的体积大，会占用较大的空间，但可随时使用热水，较方便；燃气热水器节省能源，安装时一般需要从厨房引入燃气管线，施工较复杂，更重要的是需要考虑通风问题，在没有窗户、完全封闭的卫生间中一般较少使用。无论安装哪类热水器，都需要合理考虑安装位置，以不影响生活使用为准（图8-10）。

(a) 电热水器　　　　　　　　　　(b) 燃气热水器

图8-10　热水器

二、厨房设备的选用

在选择厨房设备时，要根据业主的使用习惯及厨房的面积大小、空间高度等因素综合考虑，以保证使用的舒适性和安全性。厨房设备主要有烹饪设备、储藏设备、洗涤设备，包括吸油烟机、灶具、冰箱、洗菜盆、洗碗机、消毒柜，以及烹饪时使用的相关工具和器皿等（图8-11）。

图8-11　现代住宅厨房

1. 吸油烟机

在选择吸油烟机时应根据厨房面积、个人品牌喜好、做饭习惯的油烟排放情况和烹饪方式来进行选择。

吸油烟机按款式可分为顶吸式油烟机、侧吸式油烟机和其他类型。其中，侧吸式油烟机又分为传统侧吸式油烟机和集成灶油烟机，其他类型包含上升降式油烟机、下升降式油烟机等（图8-12～图8-15）。

（a）顶吸式油烟机样式1　　　　　　　　（b）顶吸式油烟机样式2

图8-12　顶吸式油烟机

（a）传统侧吸式油烟机　　　　　　　　（b）集成灶油烟机

图8-13　侧吸式油烟机

图8-14　上升降式油烟机　　　　　　　　图8-15　下升降式油烟机

2. 灶具

灶具是家庭厨房中最主要的设备之一，它在使用中不仅要承受高温和高压，而且还要燃烧产生大量的热，所以要求其必须安全可靠。灶具的主要分类有燃气灶和电磁炉（图8-16、图8-17）。

图8-16　双眼燃气灶　　　　　　　　　　图8-17　四头电磁炉

3. 水槽

水槽是使用频率最高的厨房设备，主要用途是清洗餐具、水果和蔬菜等。按制造材质主要分为三大类：不锈钢水槽、石材水槽、陶瓷水槽。最常选用的厨房水槽一般为不锈钢材质。

常用的水槽规格主要有单水槽、双水槽和三水槽。单水槽规格（长度尺寸）一般为650～800mm，适合厨房面积有限的家庭；大单水槽长度尺寸在800mm以上，当厨房面积足够，预留操作台面使用面积够用时，可选择大单水槽。双水槽符合中国家庭的烹饪和洗涤习惯，大水槽可以洗餐具，小水槽可以洗蔬菜和水果等。三水槽是在双水槽的基础上另外增加一个小水槽，可根据使用习惯放置一些物品（图8-18～图8-21）。

4. 冰箱

冰箱是家庭必备的大件家电，它的选择不仅影响日常生活，还关系到健康和安全。冰箱的种类繁多，功能各异，按照箱门可划分为单开门冰箱、双开门冰箱、三开门冰箱、对开门冰箱、T型对开三门冰箱、多门冰箱等类别。在冰箱的选择上，根据房间面积大小选择适合的尺寸是首要考虑的因素（图8-22）。

图8-18　不锈钢双水槽

图8-19　石材大单水槽

图8-20　搪瓷单水槽

图8-21　不锈钢三水槽

图8-22　三开门冰箱和对开门冰箱

对于冰箱位置的选择与摆放，一定要预留足够的空间，顶部距离天花板50cm以上，与周围墙壁的距离不少于10cm，使冰箱门能做90°以上的转动。这样还能使冰箱得到充分的散热。

由于冰箱的耗电量比较大，所以最好不要将其与其他家用电器放在一起使用，否则会增添插排的负荷，其他电器所散发出的热量也会增添冰箱的耗电量。另外，冰箱一定要远离热源，避免暴晒，因为这些热量也会影响冰箱的负荷能力。应尽可能将冰箱放置在远离热源处，以通风背阴的地方为好。

5. 洗碗机

洗碗机是现代厨房中常见的家用电器之一，具有结构简单、使用方便的优点，因而在家庭厨房中应用较多。常见的有内置式洗碗机、独立式洗碗机和台上式洗碗机（图8-23）。

（a）内置式洗碗机　　　　（b）独立式洗碗机　　　　（c）台上式洗碗机

图8-23　常见的洗碗机类型

① 内置式洗碗机：内置式洗碗机通常安装在厨房橱柜中，外观与橱柜一体，不占用额外空间，保持厨房整洁。

② 独立式洗碗机：独立式洗碗机可以单独放置在厨房空间中，不需要嵌入橱柜，更易于安装和移动。

③ 台上式洗碗机：台上式洗碗机放置在台面上，需要手动接水和排水，适用于空间有限的地方，如单身公寓或小型厨房。

内置式洗碗机跟厨柜融为一体，需要进行提前规划，适用于新房装修使用；而使用独立式洗碗机或台上式洗碗机则不需要提前进行空间规划，可根据家庭需要安装在厨房中合适的位置。

三、智能家居设备的选用

智能家居是在互联网影响之下物联化的体现。智能家居通过物联网技术将家中的各种设备（如音视频设备、照明系统、窗帘控制、空调控制、安防系统、数字影院系统、影音服务器、影柜系统、网络家电等）连接到一起，提供家电控制、照明控制、电话远程控制、室内外遥控、防盗报警、环境监测、暖通控制、红外转发,以及可编程定时控制等多种功能和手段。与普通家居相比,智能家居不仅具有传统的居住功能,还具备建筑、网络通信、信息家电、设备自动化,以及全方位的信息交互功能,甚至能够节省各种能源费用(图8-24)。

图8-24 智能家居系统

智能家居设备和系统根据室内空间的需求需安装智能家居控制中心,将智能设备整合在一起,方便集中控制和管理。智能家居设备根据其功能和用途可分布在不同空间。以下是一些常见的智能家居设备和应用场景。

1. 智能照明系统

由可调节室内亮度和色温的智能灯具组成。在客厅、卧室、书房、餐厅等区域可使用智能灯泡、智能开关或智能灯带照明系统组合,根据不同时间、不同场景调整光线(图8-26)。

2. 智能窗帘系统

智能窗帘可以通过智能语音音响、手机App或遥控器来控制,实现自动开合和定时操控。可以在客厅和卧室等需要隐私和光线控制的区域安装智能窗帘系统。建立智能窗帘系统需要以下设备。

① 智能窗帘机:包含电机轨道、电机主机、窗帘及控制器,控制器用于接收指令并控制窗帘的开启和关闭。需要根据窗帘的实际尺寸和所需要的窗帘重量负载来选择智能设备规格。一般来说,电机负载越大,可以控制的窗帘面积也越大(图8-25)。

图8-25 智能窗帘机

（a）休闲模式灯光氛围　　（b）心情模式灯光氛围

（c）作业模式灯光氛围　　（d）起夜模式灯光氛围

图 8-26 智能灯光设计——家的灯光美学

② 传感器：用于检测室内光线、温度、湿度等环境参数，可以根据需要选择配备红外传感器、温度传感器、光线传感器等。

③ 智能网关：用于连接所有的智能设备，并将它们的数据传输到云端或者本地设备。

④ 智能语音音响、手机App和遥控器：用于远程控制智能窗帘系统，可以设置自动控制或者手动控制。

3. 智能安防系统

安装智能门锁、智能摄像头和门窗传感器可以提升家居安全，检测家中人员及动物活动情况。智能安防系统可以简单理解为：为了使图像的传输和存储、数据的存储和处理准确而选择性操作的技术系统。一个完整的智能安防系统主要包括门禁、报警和监控三大部分（图8-27）。

（a）智能门锁　　　　　　　（b）智能摄像头　　　　　　　（c）门窗传感器

图8-27　智能安防系统

4. 智能音响和语音助手

在客厅或主卧室安装智能音响，可以通过语音控制家居设备、播放音乐和获取信息。

5. 智能家电控制

智能电视、智能投影仪能通过语音和遥控器控制播放声音和画面。智能洗衣机、智能热水器、扫地机器人等连接家庭网络，能通过手机应用远程控制或定时开启工作模式。

智能家居设备不仅为家居生活带来便利和舒适，还能为人们节省开支，提高生活质量，实现真正的品质生活。但建立智能家居系统要根据家庭实际需求在前期进行合理的规划和选择，确保系统的稳定性和安全性。同时在使用过程中需要注意使用环境和维护保养，保证系统的长期使用效果。

任务实操训练 ▶▶▶

一、任务内容

以某住宅装饰装修项目为例（见附录），能够依据功能设计定位、空间使用性质及需求，科学合理地选用卫浴设备、厨房设备、智能家居设备，完成家居生活设备设施的配置设计。

二、任务要求

① 科学合理地选用、布置卫浴设备、厨房设备、智能家居设备。
② 按照制图规范，使用 CAD 软件绘制平面布置图、装饰设计立面图。
③ 设计绘制主要房间效果图。

附录

一、某住宅户型原始平面图1

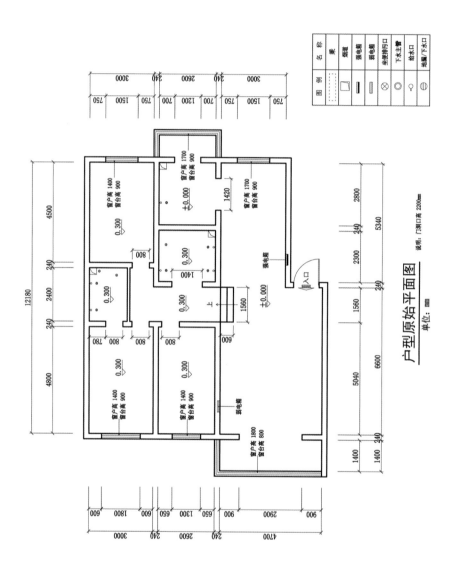

二、某住宅户型原始平面图2

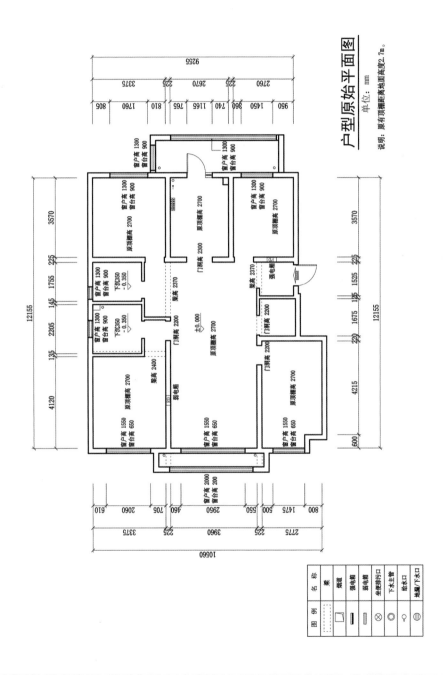

(扫底封二维码查看高清大图)

三、某住宅户型原始平面图3

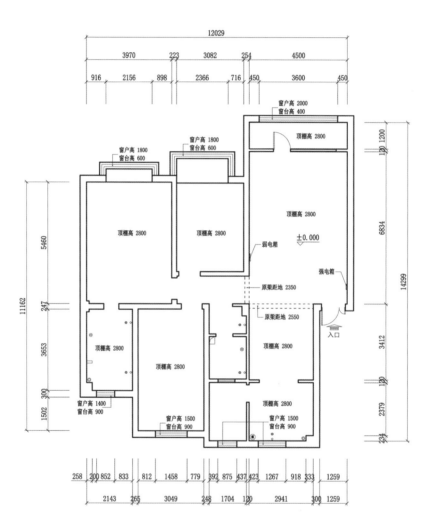

户型原始平面图

单位：mm

四、某住宅户型原始平面图4

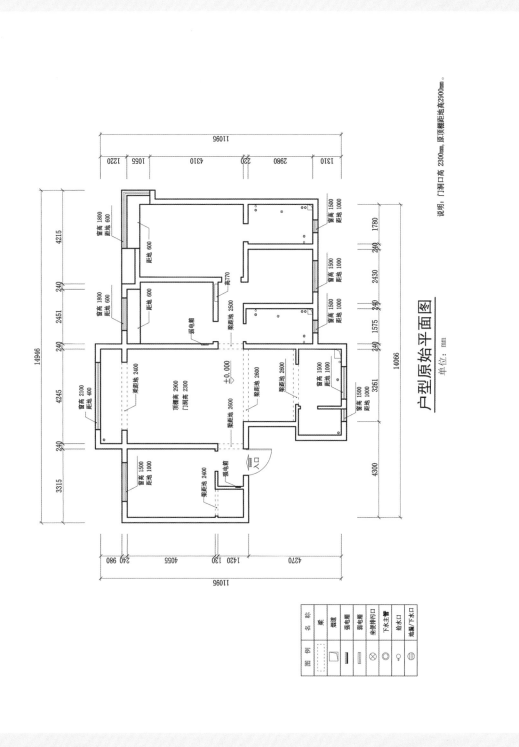

参考文献

[1] 张绮曼，郑曙旸. 室内设计资料集[M]. 北京：中国建筑工业出版社，1991.

[2] 覃斌. 居住空间室内设计[M]. 北京：科学出版社，2017.

[3] 覃斌. 室内生态陈设设计[M]. 北京：中国农业大学出版社，2021.

[4] 覃斌，朱红华. 室内装饰装修施工图设计[M]. 北京：北京理工大学出版社，2023.

[5] 张超，李欣，刘晓荣. 住宅室内设计[M]. 北京：北京工艺美术出版社，2009.

[6] 孔小丹，戴素芬. 居住空间设计实训[M]. 上海：东方出版中心，2009.

[7] 蒋迎桂. 室内空间设计[M]. 北京：中国民族摄影艺术出版社，2010.

[8] 赵龙珠，王莹. 室内空间环境设计[M]. 北京：冶金工业出版社，2010.

[9] 严肃. 室内设计理论与方法[M]. 长春：东北师范大学出版社，2011.

[10] 刘杰等. 居住空间室内设计[M]. 长春：东北师范大学出版社，2011.

[11] 田鸿喜等. 居住空间设计[M]. 北京：中国民族摄影艺术出版社，2012.

[12] 夏万爽，欧亚丽. 室内设计基础与实务[M]. 上海：上海交通大学出版社，2012.

[13] 敬威. 住宅室内设计[M]. 北京：中国民族摄影艺术出版社，2012.

[14] 金颖平，林丰春. 住宅空间设计[M]. 2版. 南京：南京大学出版社，2015.